어휘력·문해력·문장력 세계명작에 있고
영어공부 세계명작 직독직해에 있다

피터 팬

제임스 매튜 배리

주식회사 자유지성사

책머리에

책을 왜 읽어야 할까요?
손에서 핸드폰을 놓지 못하는 요즘 아이들이 책을 읽어야 할 이유는 분명하다.
영상이 넘치는 시대에 왜 글읽기를 해야 하느냐고 묻는다면, 이 진부한 질문의 시작이
참신함의 역행이 필요한 요즘이다. 정보의 양이 쏟아지는 디지털 시대에 정보 양을 많이
습득할수록 어느 정도의 지식수준과 문해력을 갖췄다는 착각의 상태에 빠진다.
그러나 정보를 얻는 것과 독서를 하는 행위는 전혀 별개의 차원이다. 독서는 텍스트의
뜻을 헤아리고 행간행간 마다 연결되는 의미를 풀어가는 고차원의 인지행위다. 자신의
관점에서 생각하고 의미를 재구성하는, 매우 적극적이고 미래지향적인 인지활동인 것이다.
오늘날 중요한 이슈로 부각되는 가짜뉴스, 사회적 문제, 가상과 현재가 뒤섞이는 현실에서
독서는 가치판단이나 사실과 허위를 구분하는 당위성이 만들어진다는 것에 매우
중요한 도구이다. 다양한 디지털 매체의 증가로 오히려 집중력이 떨어진다. 주의를
빼앗기면 집중력이 떨어지고 한 곳에 몰입하는 현상이 나타난다.
이런 집중하지 못하여 사고의 깊이가 소멸되는 현상이 발생할 가능성이 크다.
인간이 인공지능이나 기술문명에만 의존하면 지식의 노예가 될 수 있듯이 말이다.
영상 길이가 1분이 넘지 않는 댄스 챌린지 영상을 보고 있으면, 시간이 가는 줄 모르고
손에서 핸드폰을 놓지 못한다. 1.5배나 2배속으로 빨리 돌려보는 동영상은 어떨까.
그럴수록 우리의 집중력은 퇴화되는 게 아닌가 싶다. 갈수록 집중력은 떨어지고 정보의
습득은 가벼운 정보전달에 불과하여 깊이 읽는 사고의 문맹률은 계속 늘어날 것이다.
슬픈 현실에서 우리가 알아야 할 것은 집중력을 되찾는 것이다.
방법은 한 가지다. 책을 읽는 것이다. 독서가 가진 긍정적이고 실용가능성의 효용성은
빌 게이츠, 스티브 잡스, 일론 머스크, 워런 버핏 등 성공한 인물들의 예로 알 수 있다.
독서의 지속 가능성은 항상 열려 있었다. 움베르토 에코는 "책 읽지 않는 사람은 단지 자신의
삶만 살아가고 또 앞으로도 그럴 테지만, 책 읽는 사람은 아주 많은 삶을 살 수 있다"라고 했다.
인지 신경학자인 메리언 울프에 따르면 인간은 '읽는 유전자'를 가지고 있지 않았다고 한다.
선천적으로 타고난 것이 아니라 후천적으로 꾸준히 훈련하여 습관을 만들어 읽는 능력을
키워 나가야 한다. 읽어야 성장할 수 있고 지속 가능하게 나아갈 수 있다.
읽는 사람은 읽지 않는 사람에 비해 뇌의 가소성은 증가한다. 깊이 오래 읽을 때 뇌
가소성은 더욱 발달한다. 메리언 울프는 뛰어난 독서가의 뇌는 문서의 빠른 해석을 가능하게
하는 특정 부분이 발달한다고 말했다. 특정 부분이란 오래되고 지속적인 깊은 독서로
나아가는 행위다. 그 행위가 독서의 중요한 역할이다. 책을 읽으면 뇌가 활성화되면서
처음에는 책을 읽는 것이 어렵지만 우리의 뇌는 반복연습을 통해 습관화되면 독서도 쉽게
읽는 방향을 그린다.

뇌의 가소성(可塑性, neural plasticity) 덕분에 뇌는 자주 경험하는 일을 신경 회로를 변형시켜 더 쉽고 빠르게 처리해 낸다. 이를 통해 책을 읽는 행위가 자연스럽게 다가온다. 책 읽는 뇌를 만들어가는 것은 지속가능한 독서의 시작이다. 전략적인 독서로 이어가다 보면 자연스러운 독서습관이 만들어지고 나아가 독서는 일상이 된다. 일상의 독서는 후천적인 노력, 즉 습관과 마음가짐이다. 좋은 독서환경을 만들어가는 것도 독서의 지속가능성이다. 필요 이상으로 우리의 책 읽기는 디지털 시대에 절실하게 요구되는 생존 도구임에 틀림없다. 디지털 시대에 스스로 자각하고 통찰하는 사람만이 살아남을 것이다. 독서가 인류의 생존 조건으로 다시 주목받고 있는 이유다. 행간은 문맥이나 글의 내용에서 드러나지 않는 숨은 의미나 감정, 의도를 나타내는 표현이다. 일반적으로 글을 읽을 때 단어와 문장의 표면적인 의미를 넘어서, 저자가 의도한 바나 독자가 느낄 수 있는 감정을 파악하는 것이 행간을 읽는 과정이다. 행간을 이해하는 것은 독서의 깊이를 더하고, 글의 전반적인 메시지를 더 잘 이해하는 데 도움을 준다. 행간의 의미는 다양한 문학 작품에서 중요한 역할을 한다. 예를 들어, 시나 소설에서는 작가가 직접적으로 표현하지 않은 감정이나 주제를 독자가 스스로 해석하도록 유도한다. 이는 독서 경험을 더욱 풍부하게 만들며, 독자가 각자의 경험과 감정을 바탕으로 해석할 수 있는 여지를 제공한다. 따라서 행간을 읽는 것은 단순히 글을 읽는 것을 넘어, 글 속에 담긴 다양한 의미와 감정을 느끼고 이해하는 과정이다.
행간을 읽는 방법에는 몇 가지가 있다.
첫째, 문맥을 고려하는 것이다. 글의 전반적인 흐름과 주제를 파악하면, 저자가 전하고자 하는 메시지를 더 잘 이해할 수 있다.
둘째, 감정적인 요소를 주의 깊게 살펴보는 것이다. 글 속에서 드러나는 감정이나 분위기를 느끼고, 그것이 글의 주제와 어떻게 연결되는 지를 생각해보는 것이 중요하다.
셋째, 상징이나 은유를 찾아보는 것이다. 많은 문학 작품에서 상징적인 표현이 사용되며, 이러한 표현을 통해 더 깊은 의미를 발견할 수 있다. 행간을 읽는 것은 독서의 즐거움을 더해주는 중요한 요소이다. 글을 읽을 때 단순히 내용을 이해하는 것에 그치지 않고, 저자의 의도와 감정을 파악하려고 노력하면 독서 경험이 더욱 풍부해진다.
또한, 행간을 읽는 능력은 비단 문학 작품에만 국한되지 않고, 일상적인 글이나 대화에서도 적용될 수 있다. 사람들과의 대화에서 상대방의 말 속에 숨겨진 의도나 감정을 이해하는 것도 행간을 읽는 능력에 해당한다. 결론적으로, 행간은 글 속에 숨겨진 의미와 감정을 파악하는 중요한 요소이다. 이를 통해 독자는 글의 깊이를 이해하고, 작가의 의도를 더 잘 알 수 있다. 행간을 읽는 능력을 기르는 것은 독서뿐만 아니라 일상생활에서도 유용하게 활용될 수 있다. 글을 읽을 때 단순히 표면적인 의미를 넘어서, 그 이면에 있는 다양한 의미를 탐구하는 습관을 기르는 것이 중요하다. 이를 통해 독서의 즐거움과 깊이를 더할 수 있을 것이다.

2025년 2월

CONTENTS

차 례

Peter Pan

CHAPTER 1

Peter Breaks Through

ALL children, except one, grow up. They soon know that they will grow up, and the way Wendy knew was this. One day when she was two years old she was playing in a garden, and she plucked another flower and ran with it to her mother. I suppose she must have looked rather delightful, for Mrs. Darling put her hand to her heart and cried, "Oh, why can't you remain like this for ever!" This was all that passed between them on the subject, but henceforth Wendy knew that she must grow up. You always

---

pluck: 꽃을 꺾다 henceforth: 그 이후로

피터 팬

제 1 장

피터의 출현

오직 한 아이를 제외하곤 이 세상 모든 아이들은 성장한다. 아이들은 자신도 성장할 것이라는 사실을 알게 되고, 웬디도 곧 그 사실을 깨닫게 되었다. 웬디가 두 살이던 어느 날, 정원에서 놀다가 꽃을 한 송이 꺾은 다음 엄마에게 달려갔다. 다링 부인이 그녀의 가슴에 손을 대고 "오, 아가야 영원히 이대로 변하지 않았으면!" 하고 탄식했을 때, 그녀는 틀림없이 기쁜 표정을 짓고 있었던 것으로 짐작이 간다. 그들 사이에 오간 대화는 그것뿐이었지만 그 이후 웬디는 자신이 성장해야만 한다는 사실을 깨닫게 되었다. 여러분들도 항상 두 살 이후부터는 이러한 사실을 알게 된다. 두 살은 종말의 시작이다.

know after you are two. Two is the beginning of the end.

Of course they lived at 14, and until Wendy came her mother was the chief one. She was a lovely lady, with a romantic mind and such a sweet mocking mouth. Her romantic mind was like the tiny boxes, one within the otrer, that come from the puzzling East, however many you discover there is always one more; and her sweet mocking mouth had one kiss on it that Wendy could never get, though there it was, perfectly conspicuous in the righthand corner.

The way Mr. Darling won her was this: the many gentlemen who had been boys when she was a girl discovered simultaneously that they loved her, and they all ran to her house to propose to her except Mr. Darling, who took a cab and nipped in first, and so he got her. He got all of her, except the innermost box and the kiss. He never knew about the box, and in time he gave up trying for the kiss. Wendy thought Napoleon could have got it, but I can picture him trying, and then going off in a passion, slamming the door.

Mr. Darling used to boast to Wendy that her mother not only loved him but respected him. He was one of those deep ones who know about stocks and shares. Of course

---

tiny: 조그마한, 귀여운 conspicuous: 이상한, 수상쩍은 simultaneously:동시에
nip: 뛰어들다 slam: 쾅 닫다

물론 그들은 웬디가 열네 살 되던 해까지 살았다. 그리고 그때까지 웬디는 그녀의 어머니에게 가장 중요한 사람이 되었다. 그녀는 낭만적 심성과 매우 달콤한 목소리를 지닌 사랑스러운 여성이었다. 그녀의 낭만적 심성은 신비한 동양에서 만들어진, 상자 안에 또 다른 상자가 있는, 그래서 항상 상자가 한 개 이상이 있다는 것을 알게 되는 조그만 상자와도 같았다. 그녀의 감미로운 입술은 오른쪽 구석에 매우 인상적인 점이 있었지만, 웬디도 한 번도 못해 본 키스를 단 한 번만 했던 입술이었다.

다링 씨가 그녀의 사랑을 얻은 방법은 다음과 같다. 그녀가 소녀였을 때, 같은 또래의 소년들이었던 많은 젊은이들은 모두 동시에 그들이 그녀를 사랑한다는 것을 알게 되었고, 다링 씨를 제외한 모든 젊은이들이 그녀의 집으로 가서 그녀에게 청혼하였다. 그러나 모자를 쓰고 최초로 그녀에게 뛰어든 다링 씨가 그녀의 사랑을 얻게 되었다. 그는 그녀가 가장 비밀스러운 상자와 키스를 한 것을 제외하곤 그녀의 모든 것을 갖게 되었다. 그는 결코 그 상자에 대해서 알지 못했고 곧 그녀와 키스하는 것도 포기했다. 웬디는 나폴레옹이라면 키스할 수도 있었을 텐데라고 생각했고, 나는 다링 씨가 노력하다가 그 후 열정이 날아가 버리고 지금은 생각이 바뀐 것을 그려볼 수 있었다.

다링 씨는 웬디에게 그녀의 어머니가 자신을 사랑했을 뿐만 아니라 존경했었다고 자랑하곤 했었다. 그는 주식과 배당에 관해 자세히 알던 사람들 중의 한 사람이었다. 물론 누구도 그것에 대해서는 잘 알지 못하지만, 그는 잘 알고 있는 것 같다.

심성: 본디부터 타고난 마음씨

no one really knows, but he quite seemed to know.

Wendy came first, then John, then Michael.

For a week or two after Wendy came it was doubtful whether they would be able to keep her, as she was another mouth to feed. Mr. Darling was frightfully proud of her, but he was very honourable.

Mrs. Darling loved to have everything just so, and Mr. Darling had a passion for being exactly like his neighbours; so, of course, they had a nurse. As they were poor, owing to the amount of milk the children drank, this nurse was a prim Newfoundlanddog, called Nana who had belonged to no one in particular until the Darlings engaged her.

He had his position in the city to consider.

Nana also troubled him in another way. He had sometimes a feeling that she did not admire him. "I know she admires you tremendously, George," Mrs. Darling would assure him, and then she would sign to the children to be specially nice to father. Lovely dances followed, in which the only other servant, Liza, was sometimes allowed to join. Such a midget she looked in her long skirt and maid's cap, though she had sworn, when engaged, that she would never see ten again. The gaiety of these romps!

---

passion: 열정 owing to: ~의 탓으로, ~때문에 tremendously: 굉장히, 아주
gaiety: 유쾌함, 흥겨움 romp:장난치며 놀기, 유희

웬디가 제일 처음 태어났고, 그 다음에 존, 또 그 후에 마이클이 태어났다.

웬디가 태어난 후, 1~2주일 동안은 그들은 부양해야 할 다른 사람이 있었기 때문에, 그녀를 키울 수 있을지 의문이었다. 다링 씨는 웬디를 끔찍이도 좋아했고 그는 매우 훌륭했다.

다링 부인은 그냥 모든 것을 갖기를 원했다. 그리고 다링 씨는 그의 이웃만큼은 해야 된다는 생각을 갖고 있었다. 그래서 그들은 유모를 두었다. 그들은 아이들이 마셔야 하는 우유의 양이 많았기 때문에 가난했고, 그래서 나나라고 불리는 순수 뉴화운드랜드 개가 유모가 되었다. 그 개는 다링 씨 부부가 살 때까지 특별히 주인이 없었다.

그는 그 시에서 상당한 위치가 있는 사람이었다.

나나는 여러 가지 방법으로 그를 괴롭혔다. 그는 때때로 그 개가 자기를 존경하지 않는다고 생각했다. "그 개가 당신을 굉장히 존경한다고 나는 믿어요, 죠지." 다링 부인이 그에게 확인시켜 주듯 말했다. 그리고 나서, 그녀는 아이들에게 아버지에게 특별히 친절히 대하라고 신호를 보냈다. 즐거운 춤이 뒤따랐고 거기에는 유일한 다른 하인인 리자가 때때로 끼어들었다. 그녀가 긴 치마와 하녀의 모자를 쓰고 있는 모습은 마치 난쟁이 꼬마처럼 보였다. 그녀가 끼어들 때 비록 열 번도 더 그녀를 안 보리라 맹세했지만, 그럴 수가 없었다. 떠들며 노는 즐거움이란! 거기 있는 모든 사람들 중에서 가장 즐거운 사람은 바로 다링 부인이었다. 그녀는 매우 거칠게 회전을 했으며 여러분들

And gayest of all was Mrs. Darling, who would pirouette so wildly that all you could see of her was the kiss, and then if you had dashed at her you might have got it. There never was a simpler happier family until the coming of Peter Pan.

Mrs. Darling first heard of Peter when she was tidying up her children's minds. It is the nightly custom of every good mother after her children are asleep to rummage in their minds and put things straight for next morning, repacking into their proper places the many articles that have wandered during the day.

I don't know whether you have ever seen a map of a person's mind. Doctors sometimes draw maps of other parts of you, and your own map can become intensely interesting, but catch them trying to draw a map of a child's mind, which is not only confused, but keeps going round all the time. There are zigzag lines on it, just like your temperature on a card, and these are probably roads in the island; for the Neverland is always more or less an island, with astonishing splashes of colour here and there, and coral reefs and rakish-looking craft in the offing, and savages and lonely lairs, and gnomes who are mostly tailors, and caves through which a river runs, and princes

---

gay: 명랑한, 즐거운 pirouette: 급선회, 급회전하다 tidy up:정돈하다, 깨끗히 치우다 rummage: 찾아내다, 발견하다 splash:번쩍거리다, 튀기다 coral: 산호 reef: 암초, 장애물 rakish: 멋진, 날씬한 lair: 소굴, 굴

이 그녀에 대해 볼 수 있는 것은 그 키스였으며 만약 여러분이 그녀에게 달려가 신청을 했다면 그녀는 그것을 쾌히 승낙했을 것이다. 피터팬이 출현할 때까지 그보다 더 단란하고 행복한 가정은 없었을 것이다.

다링 부인이 최초로 피터팬에 대해 들었던 시기는 그녀가 아이들의 마음을 다독거려 주던 때였다. 그것은 아이들이 자신들의 마음속을 찾아 잠이 든 후에, 모든 좋은 엄마들이 밤에 하는 일과이다. 다음날 아침을 위해 물건들을 가지런히 정돈하고 낮 동안에 여기저기 돌아 다녔던 물품들을 원래 자리에 다시 놓아두는 일이다.

나는 여러분들이 인간의 마음의 지도를 본 적이 있는지 잘 모르겠다. 의사들은 때때로 사람의 여러 부분을 지도로 그린다. 그리고 여러분들 자신의 지도는 매우 흥미로울 수도 있다. 그러나 아이들의 마음의 지도를 그리는 것을 보게 되면 그것들은 복잡하기도 하고, 아이들의 마음은 줄곧 여기저기로 돌아다닌다. 지도 위에는 여러분들의 체온을 적어 놓은 표 같은 지그재그 선이 있고 이러한 것들은 아마도 그 섬의 길과 같을 것이다. 왜냐하면 네버랜드는 항상 섬같이 보이기 때문인데, 그 섬에는 여기저기에 놀라운 색깔들의 빛들이 보이고 그 섬의 연안에는 진주 광맥과 멋진 배가 있고 야만인들과 그들의 외로운 땅굴, 그리고 대부분이 선원인 상인들과 강 밑바닥을 흐르는 동굴, 그리고 여섯 명의 형이 있는 왕자와 이제 막 빠르게 썩고 있는 오두막, 그리고 매부리코를 가진 한 명의 매우 작은

with six elder brothers, and a hut fast going to decay, and one very small old lady with a hooked nose. It would be an easy map if that were all; but there is also first day at school, religion, fathers, the round pond, needlework, murders, hangings, verbs that take the dative, chocolate pudding day, getting into braces, say ninety-nine, three-pence for pulling out your tooth yourself, and so on; and either these are part of the island or they are another map showing through, and it is all rather confusing, especially as nothing will stand still.

Of course the Neverlands vary a good deal. John's, for instance, had a lagoon with flamingoes flying over it at which John was shooting, while Michael, who was very small, had a flamingo with lagoons flying over it. John lived in a boat turned upside down on the sands, Michael in a wigwam, Wendy in a house of leaves deftly sewn together. John had no friends, Michael had friends at night, Wendy had a pet wolf forsaken by its parents; but on the whole the Neverlands have a family resemblance, and if they stood in a row you could say of them that they have each other's nose, and so forth. On these magic shores children at play are for ever beaching their coracles. We too have been there; we can still hear the sound

---

hut: 오두막, 오막살이 needlework: 바느질 dative: (여격)의 lagoon:늪, 못 flamingo: (새)플라밍고 wigwam: 작은집, 오두막 deftly: 솜씨좋게 forsake: 저버리다, 버리다 coracle:작은 배

여자가 있다. 이것들만 있다면 매우 쉬운 지도가 될 것이다. 그러나 또 학교에서의 첫날, 종교와 아버지들, 둥근 연못, 바느질, 살인들, 매달리기, 여격 동사, 초콜릿 푸딩데이, 끈 안으로 들어가기 놀이, 99까지 세기, 이 뽑는 데 사용되는 3펜스짜리 동화 등등이 있는데 이것들은 그 섬의 일부이거나 그 섬을 보여주는 또 하나의 지도일 것이다. 그것은 다소 복잡하고, 특히 그 섬에서는 아직도 존속하는 것은 없다.

물론 네버랜드는 좋은 물건들이 다양하다. 그 예로 존은 자신이 총을 겨누고 있는 늪 위로 날아가는 플라밍고가 있는 늪을 가지고 있었고, 반면에 조그마한 마이클은 그 늪 위로 날아가는 플라밍고를 가지고 있었다. 존은 모래 위에 뒤집어 놓은 보트에서 살고 있었고, 미첼은 오두막집에서 살았으며, 웬디는 나뭇잎을 잘 엮어 놓은 집에서 살았다. 존은 친구가 없었고, 마이클은 밤에는 친구들이 있었다. 웬디는 부모에게 버려진 조그마한 아기 늑대를 데리고 있었지만 네버랜드에서는 전체적으로 한가족이었고 모두 닮아 있었다. 그래서 만약 그들이 여전히 한 줄로 서 있다면, 여러분은 그들에게 그들이 각각의 코를 가지고 있다라는 말 등등의 얘기만을 할 수 있을 것이다. 이러한 마법의 해변가에서 놀고 있는 어린이들은 영원히 그들의 작은 배를 여기에 정박시켜 놓을 것이다. 우리들은 거기에 다녀왔으며 지금은 더이상 그 섬에 갈 수 없지만 우리는 여전히 그 섬의 파도 소리를 들을 수 있다.

존속: 그대로 있음

of the surf, though we shall land no more.

Of all delectable islands the Neverland is the snuggest and most compact; not large and sprawly, you know, with tedious distance between one adventure and another, but nicely crammed. When you play at it by day with the chairs and table-cloth, it is not in the least alarming, but in the two minutes before you go to sleep it becomes very nearly real. That is why there are night-lights.

Occasionally in her travels through her children's minds Mrs. Darling found things she could not understand, and of these quite the most perplexing was the word Peter. She knew of no Peter, and yet he was here and there in John and Michael's minds, while Wendy's began to be scrawled all over with him. The name stood out in bolder letters than any of the other words, and as Mrs. Darling gazed she felt that it had an oddly cocky appearance.

"Yes, he is rather cocky," Wendy admitted with regret. Her mother had been questioning her.

"But who is he, my pet?"

"He is Peter Pan, you know, mother."

At first Mrs. Darling did not know, but after thinking back into her childhood she just remembered a Peter Pan who was said to live with the fairies. There were odd sto-

---

surf:파도, 파도의 거품 delectable:기분 좋은, 유쾌한 snug:안락한, 편안한 tedious: 지루한, 싫증나는 cram:채워넣다, 빽빽하다 occasionally:때때로 scrawl:휘갈겨 쓰다, 낙서하다 cocky:건방진, 자만심에 빠진

모든 즐거운 섬 중에서 네버랜드는 가장 아늑하고 가장 아담한 섬이다. 또한 여러분도 아다시피 그 섬은 크지도 않고 여기저기로 뻗어 있으며, 한 가지 모험과 다음 모험 사이에 지루한 거리가 있는, 그러나 매우 훌륭한 모험들이 가득차 있는 섬이다. 여러분이 거기에서 낮 동안 의자와 테이블 보를 가지고 놀게 된다면 그것은 조금도 놀라운 일은 아니고 여러분이 잠자러 가기 2분전에 그 섬은 매우 사실적인 섬이 된다. 그것은 바로 밤 조명등이 있는 까닭이다.

다링 부인은 자녀들과 마음이 통하는 여행 중에 때때로 그녀가 이해하지 못하는 것을 발견했는데 이런 것들 중에 가장 어려운 것이 피터였다. 그녀는 피터에 대해 전혀 알지 못하지만 그는 여기에 있었고 존과 마이클의 마음속에도 있었다. 그리고 웬디의 마음은 그에 대한 생각으로 완전히 덮혀 있었다. 그 이름은 두꺼운 글씨로 씌어 있어서 어떤 다른 글자보다도 두드러졌고 다링 부인이 그것을 볼 때 그녀는 그것이 이상하게도 거만한 모습을 하고 있다고 느꼈다.

"그래, 그는 다소 거만한 것 같아." 웬디는 유감스러운 마음으로 인정했다. 그녀의 엄마는 그녀에게 질문하고 있었다.

"그는 어떤 사람이었지, 나의 아가야?"

"피터팬이예요, 엄마도 알고 있는."

다링 부인은 처음에는 알지 못했지만, 그녀의 어린 시절을 되짚어 보고난 후에야, 동화 속에 살고 있다고 알려진 피터팬이라는 인물을 기억해 냈다. 그에 관한 이상한 얘기가 있었는

ries about him; as that when children died he went part of the way with them, so that they should not be frightened. She had believed in him at the time, but now that she was married and full of sense she quite doubted whether there was any such person.

"Besides," she said to Wendy, "he would be grown up by this time."

"Oh no, he isn't grown up," Wendy assured her confidently, "and he is just my size." She meant that he was her size in both mind and body; she didn't know how she knew it, she just knew it.

Children have the strangest adventures without being troubled by them. For instance, they may remember to mention, a week after the event happened, that when they were in the wood they met their dead father and had a game with him. It was in this casual way that Wendy one morning made a disquieting revelation. Some leaves of a tree had been found on the nursery floor, which certainly were not there when the children went to bed, and Mrs. Darling was puzzling over them when Wendy said with a tolerant smile:

"I do believe it is that Peter again!"

"Whatever do you mean, Wendy?"

---

besides: 게다가, 더군다나 confidently: 확신에 찬 어조로 for instance: 예를 들자면=for example disquiet: 불안하게 하다 revelation: 폭로, 누설 tolerant: 관대한, 묵인하는

데 아이들이 죽으면 그는 아이들과 함께 어디론가 떠난다는 것이다. 그래서 그 아이들은 겁을 먹지 않는다고 한다. 그녀는 그 당시에는 피터팬의 존재를 믿었지만 결혼하여 알건 다 알게 된 지금 그런 사람이 있는지에 대해서도 매우 의심스러워했다.

"그는 이제 굉장히 컸을 꺼야." 그녀는 웬디에게 말했다.

"아니예요, 그는 성장하지 않아요." 웬디는 확신에 찬 목소리로 말했다. "그는 저하고 똑같은 키예요." 그녀의 말뜻은 그가 육체적으로나, 정신적으로 자기와 비슷하다고 한 것이었는데 그녀는 그것을 얼마나 알고 있는지는 몰랐고 단지 그 사실만을 알고 있었을 뿐이다.

아이들은 스스럼없이 매우 이상한 모험을 하게 된다. 그 한 예로, 그 사건이 일어난 지 일주일 후 그들이 나무 사이에 있었을 때 그들의 죽은 아버지를 만나 함께 놀았다는 말을 했었다는 것을 기억할지도 모른다. 이러한 말들이 어느 날 아침에 불안한 고백을 하곤 했던 웬디의 평상시 얘기였다. 나뭇잎들이 아이들방 마루에서 발견되었고, 그것들은 확실히 아이들이 잠자리에 들 땐 없었던 것들이었다. 다링 부인은 웬디가 그것을 보고 알겠다는 듯 웃으며 말할 때 매우 어리둥절했다.

"나는 정말로 피터팬이 다시 돌아온 거라고 믿어요."

"그게 무슨 소리냐 웬디야?"

"그는 청소를 하지 않는 개구쟁이거든요." 웬디는 한숨을 쉬며 말했다. 웬디는 깔끔한 아이였다.

그녀는 피터가 때때로 밤중에 아이들방으로 와서는 그녀의

"It is so naughty of him not to wipe," Wendy said, sighing. She was a tidy child.

She explained in quite a matter-of-fact way that she thought Peter sometimes came to the nursery in the night and sat on the foot of her bed and played on his pipes to her. Unfortunately she never woke, so she didn't know how she knew, she just knew.

"What nonsense you talk, precious. No one can get into the house without knocking."

"I think he comes in by the window," she said.

"My love, it is three floors up."

"Were not the leaves at the foot of the window, mother?"

It was quite true; the leaves had been found very near the window.

Mrs. Darling did not know what to think, for it all seemed so natural to Wendy that you could not dismiss it by saying. she had been dreaming.

"My child," the mother cried, "why did you not tell me of this before?"

"I forgot," said Wendy lightly. She was in a hurry to get her breakfast.

Oh, surely she must have been dreaming.

---

naughty: 버릇없는, 장난꾸러기의 precious:귀중한, 값비싼 dismiss: 해고하다, 무시하다

발쪽에 앉아서 자기에게 그의 피리를 연주해 준다라고 생각한다는 사실을 어머니에게 아주 사실인 것처럼 얘기했다. 그러나 불행하게도 그녀는 결코 깨어 있지 않았으며, 그래서 그녀는 자신이 어떻게 그 사실을 아는지는 알 수가 없었고 단지 알고만 있을 뿐이었다.

"네가 말하는 것은 매우 이상하구나, 아가야. 어떤 사람도 노크하지 않고 이 집 안쪽으로 들어 올 수는 없단다."

"내가 생각하기로는 그는 창문을 통해 들어 온 것 같아요." 웬디가 말했다.

"아가야, 여기는 3층이나 되는데."

"창문가에 나뭇잎들이 있지 않아요, 엄마?"

그것은 정말 사실이었다 나뭇잎들이 창문가 바로 근처에 있었다. 다링 부인은 어떻게 받아들여야 할지 몰랐다. 왜냐하면 그런 사실들이 웬디에겐 너무나 자연스럽게 느껴지는 것 같아서 그녀가 꿈꾸고 있다고 말해버림으로써 쉽게 무시할 수가 없는 상황이었기 때문이다.

"아가야, 왜 전에 이런 얘기를 하지 않았니?" 엄마가 말했다.

"잊어버렸었거든요." 웬디가 부드럽게 말했다. 그리곤 그녀는 서둘러 아침을 먹었다.

오, 확실히 그녀는 꿈을 꿨던 게 틀림없어.

그러나 한편으로 나뭇잎들이 있었다. 다링 부인은 그 나뭇잎들을 유심히 살펴보았다. 그것들은 잎맥 있는 잎이었지만 그녀는 그것들이 영국에서 자라는 어떤 나무에서도 볼 수 없는 것

But, on the other hand, there were the leaves. Mrs. Darling examined them carefully; they were skeleton leaves, but she was sure they did not come from any tree that grew in England. She crawled about the floor, peering at it with a candle for marks of a strange foot. She rattled the poker up the chimney and tapped the walls. She let down a tape from the window to the pavement, and-it was a sheer drop of thirty feet, without so much as a spout to climb up by.

Certainly Wendy had been dreaming.

But Wendy had not been dreaming, as the very next night showed, the night on which the extraordinary adventures of these children may be said to have begun.

On the night we speak of all the children were once more in bed. It happened to be Nana's evening off, and Mrs. Darling had bathed them and sung to them till one by one they had let go her hand and slid away into the land of sleep.

All were looking so safe and cosy that she smiled at her fears now and sat down tranquilly by the fire to sew.

It was something for Michael, who on his birthday was getting into shirts. The fire was warm, however, and the nursery dimly lit by three night lights, and presently the

---

skeleton: 해골, 뼈대 crawl: 기어가다, 포복하다 rattle: 지껄이다, 쑤시다, 찌르다 pavement:포장도로 sheer: 가파른, 깍아지른 spout: 주둥이, 분수 tranquilly:조용하게

들이라고 확신했다. 그녀는 촛불을 밝히며 이상한 발자국이 있는지 마루의 여기저기를 훑어보았다. 그녀는 부지깽이로 굴뚝을 쑤셔도 보고 벽도 두들겨 보았다. 그리고 그녀는 창문에서 도로까지 줄을 내려보았다. 그곳은 분수가 올라올 수 있는 거리보다 높은 30피트나 되는 아주 가파른 곳이었다.

확실히, 웬디는 꿈을 꾸었던 것이다.

그러나 웬디는 바로 그 다음날 밤이 보여주었듯이 꿈을 꾸었던 게 아니다. 그 밤은 이러한 아이들의 이상한 모험이 시작되는 밤이다.

우리가 말하는 그날 밤에 모든 아이들은 한번 더 잠을 잤다. 나나는 졸고 있었고 다링 부인은 목욕을 한 후에 아이들이 하나씩 자신도 모르게 그녀의 손을 놓고 꿈나라로 갈 때까지 그들에게 노래를 불러 주었다.

모든 것들이 안전하고 평온해 보여서 그녀는 이제 자신의 두려움에 멋쩍은 미소를 보내고는 바느질을 하기 위해 화롯불 옆에 조용히 앉았다.

그것은 마이클에게 그의 생일날 입힐 셔츠를 만드는 일이었다. 화로불은 따뜻했지만, 아이들방은 세 개의 야간 조명등 때문에 희미하게 보였다. 바느질은 곧 다링 부인에게 졸음을 가져다주었다. 그녀의 머리가 꾸벅꾸벅 졸기 시작했는데, 그 모습은 추하지 않고, 차라리 우아했다. 그녀는 잠든 것이다. 그녀의 꿈속에서 그는 네버랜드의 흐릿한 영상을 가져왔고, 그녀는 웬디와 존과 마이클이 갈라진 틈으로 엿보고 있는 것을 보았다.

sewing lay on Mrs. Darling's lap. Then her head nodded, oh, so gracefully. She was asleep. But in her dream he had rent-the film that obscures the Neverland, and she saw Wendy and John and Michael peeping through the gap.

The dream by itself would have been a trifle, but while she was dreaming the window of the nursery blew open, and a boy did drop on the floor. He was accompanied by a strange light, no bigger than your fist, which darted about the room like a living thing; and I think it must have been this light that wakened Mrs. Darling.

She started up with a cry, and saw the boy, and somehow she knew at once that he was Peter Pan. If you or I or Wendy had been there we should have seen that he was very like Mrs. Darling's kiss. He was a lovely boy, clad in skeleton leaves and the juices that ooze out of trees; but the most entrancing thing about him was that he had all his first teeth. When he saw she was a grown-up, he gnashed the little pearls at her.

---

obscure: 어둡게하다, 흐리게하다, 모호하게 하다 gap: 차이, 갈라진 틈 dart: 돌진하다, 훨훨 날아가다 at once: 즉시, 동시에 clad :치장한, ~을 입은 ooze: 향료 gnash: 이를 악물게 하다

그 꿈 자체는 사소한 것이었을지 모르지만, 그녀가 꿈을 꾸고 있는 동안 아이들방의 창문이 바람에 의해 열리자 한 소년이 마루 위로 내려앉았다. 그 소년은 주먹보다 작은 신비한 빛을 동반하였다. 그리고 그 빛은 마치 살아 있는 것처럼 그 방의 여기저기를 돌아다녔다. 아마 이 빛이 다링 부인을 잠에서 깨운 게 틀림없다고 생각한다.

그녀는 소리를 지르며 소년을 보았으며, 즉시 그 소년이 피터팬이라는 것을 알았다. 만약 여러분과 나, 또는 웬디가 거기에 있었다면 우리는 그가 다링 부인의 키스와 매우 닮았다는 것을 알게 되었을 것이다. 그는 매우 사랑스러운 소년이었는데 나무에서 나오는 향료와 잎맥이 있는 나뭇잎으로 몸을 치장하고 있었다. 그러나 그에게 있어서 가장 매혹적인 특징은 그의 치아가 모두 젖니라는 데 있었다. 그는 그녀가 성인이라는 것을 알았을 때 그녀에게 작은 진주들을 물게 하였다.

향료: 향기를 내는 물건
매혹: 남을 호려 현혹하게 함

CHAPTER 2
The Shadow

MRS Darling screamed, and, as if in answer to a bell, the door opened, and Nana entered, returned from her evening out. She growled and sprang at the boy, who leapt lightly through the window. Again Mrs. Darling screamed, this time in distress for him, for she thought he was killed, and she ran down into the street to look for his little body, but it was not there; and she looked up, and in the black night she could see nothing but what she thought was a shooting star.

She returned to the nursery, and found Nana with something in her mouth, which proved to be the boy's shadow. As he leapt at the window Nana had closed it quickly, too late to catch him, but his shadow had not had time to get out; slam went the window and snapped it off.

You may be sure Mrs. Darling examined the shadow carefully, but it was quite the ordinary kind.

Nana had no doubt of what was the best thing to do with this shadow. She hung it out at the window, meaning "He is sure to come back for it; let us put it where he can get it

---

scream: 비명을 지르다 in answer to: ~에 응답하여, 반응하여 growl: 으르렁거리다 spring at: ~에게 뛰어들다, 덤비다 in distress: 비탄(슬픔)에 잠겨 nothing but: only, 단지 shooting star: 유성, 별똥별 snap off: 가로채다, 움켜쥐다 examine: 관찰하다, 조사하다 hang out: 매달다

제 2 장
그림자

다링 부인은 비명을 질렀으며, 벨소리에 응답이라도 하듯 문이 열리고, 저녁 외출에서 돌아온 나나가 들어 왔다. 나나가 으르렁거리며 달려들자 소년은 창문으로 뛰어 내렸다. 그가 죽었다고 생각하여 비탄에 잠긴 다링 부인은 비명을 질렀으며, 그의 자그마한 몸을 찾으려고 거리로 뛰쳐 내려갔으나, 그는 거기에 없었다. 그래서 그녀는 위를 바라보았으나, 캄캄한 밤에 유성이라고 생각되는 것만 보였다.

그녀는 아이들 방으로 돌아와서, 나나가 입에 무언가를 물고 있는 것을 발견했는데, 그것은 소년의 그림자였다. 그가 창문으로 뛰어내릴 때 나나는 잽싸게 창문을 닫았으며, 그를 잡기에는 늦었지만 그림자는 빠져나가지 못했기 때문에 창문을 꽝 닫고 그것을 낚아챈 것이다.

여러분이 확신하듯 다링 부인은 그림자를 자세히 관찰했는데, 그것은 보통의 그림자와 다를 바 없는 것이었다.

나나는 이 그림자를 어떻게 하는 것이 최선의 방법인지에 대해 잘 알고 있었다. 나나는 그것을 창밖에 매달아 놓았는데, 그것은 "그가 그것을 찾으려고 틀림없이 다시 올 것이예요. 그가 아이들을 귀찮게 하지 않고 쉽게 찾을 수 있는 곳에 놔둡시

비탄: 슬프게 탄식함

easily without disturbing the children."

But unfortunately Mrs. Darling could not leave it hanging out at the window; it looked so like the washing and lowered the whole tone of the house. She thought of showing it to Mr. Darling, but he was totting up winter great-coats for John and Michael, with a wet towel around his head to keep his brain clear, and it seemed a shame to trouble him; besides, she knew exactly what he would say: "It all comes of having a dog for a nurse."

She decided to roll the shadow up and put it away carefully in a drawer, until a fitting opportunity came for telling her husband. Ah me!

The opportunity came a week later, on that never-to-be-forgotten Friday. Of course it was a Friday.

"I ought to have been specially careful on a Friday," she used to say afterwards to her husband, while perhaps Nana was on the other side of her, holding her hand.

"No, no," Mr. Darling always said, "I am responsible for it all: I, George Darling, did it. Mea culpa, mea culpa." He had had a classical education.

They sat thus night after night recalling that fatal Friday, till every detail of it was stamped on their brains and came through on the other side like the faces on a bad coinage.

---

unfortunately: 불행하게도, 운이 나쁘게도 washing: 빨랫감, 세탁물 tot up: 계산하다, 셈하다 roll up: 둘둘 감다 drawer: 서랍 afterward:나중에, 후에 be responsible:~에 책임이 있는 mea culpa, mea culpa:내 탓이요, 내탓이오 classical education: 고전(고문)교육 coinage: 주화, 동전

다." 라는 것을 의미했다.

그러나 불행하게도 다링 부인은 그것을 창밖에 매달아 놓을 수 없었다. 그것은 마치 빨래처럼 보였으며, 집 건물의 전체적인 격조를 낮추었던 것이다. 그녀는 그것을 다링 씨에게 보여줄까 하고 생각하였으나, 그는 머리를 맑게 하려고 머리에 젖은 수건을 두른 채 존과 마이클의 겨울용 두터운 오버코트 값을 셈하고 있는 중이었으며, 그를 귀찮게 하는 것이 부끄러워 보였다. 게다가 그녀는 그가 무어라고 말할지를 정확하게 알고 있었다. "그건 모두 아이를 키운답시고 개를 기르기 때문이야."

그녀는 그녀의 남편에게 말할 적당한 기회가 올 때까지 그 그림자를 말아서 서랍 속에 잘 보관하기로 결정하였다. 아! 그 기회는 일주일 후, 결코 잊지 못하는 금요일에 찾아왔다. 물론 그 날도 금요일이었다.

"나는 금요일에는 특히 조심을 해야 했어요." 후에 그녀는 남편에게 말하기도 했는데, 그럴 때면 나나가 그녀의 옆에서 잠자코 있곤 하였다.

"아니오, 아니오. 그 모든 것에 책임질 사람은 나요. 나, 죠지 다링이 그렇게 한 거요. 내 탓이오. 내 탓이오." 다링 씨가 말했다. 그는 고전 교육을 받았었다.

그들은 모든 세세한 것들이 뇌리에 각인되고 불량주화의 한 면처럼 다른 면이 생각날 때까지 그 운명의 금요일을 회상하면

격조: 사물 자체에 걸맞는 상태, 품격
각인: 도장을 새김 깊이 새김

"If only I had not accepted that invitation to dine at 27," Mrs. Darling said.

"If only I had not poured my medicine into Nana's bowl," said Mr. Darling.

"If only I had pretended to like the medicine," was what Nana's wet eyes said.

"My liking for parties, George."

"My fatal gift of humour, dearest."

"My touchiness about trifles, dear master and mistress."

Then one or more of them would break down altogether, Nana at the thought, "It's true, it's true, they ought not to have had a dog for a nurse." Many a time it was Mr. Darling who put the handkerchief to Nana's eyes.

"That fiend!" Mr. Darling would cry, and Nana's bark was the echo of it, but Mrs. Darling never upbraided Peter; there was something in the righthand corner of her mouth that wanted her not to call Peter names.

They would sit there in the empty nursery, recalling fondly every smallest detail of that dreadful evening. It had begun so uneventfully, so precisely like a hundred other evenings, with Nana putting on the water for Michael's bath and carrying him to it on her back.

"I won't go to bed," he had shouted, like one who still

---

accept: 받아들이다, 수용하다 invitation: 초대, 초청 bowl: 밥그릇, 주발 pretend: ~인체 하다 touchiness: 민감함 trifle: 사소한 것, 작은 일 master, mistress: 남자, 여자 주인 break down: 울음을 터뜨리다 fiend: 마귀, 사악한 것 upbraid: 욕하다, 비난하다 call one's name: 욕하다, 비난하다

서 매일밤을 앉아 있었다.

"내가 27번가의 저녁 초대를 받아들이지만 않았어도." 다링 부인이 말했다.

"나나의 밥그릇에 약을 쏟아 붓지만 않았어도." 다링 씨가 말했다.

"약을 좋아하는 척만 했다면." 나나의 젖은 눈이 말했다.

"내가 파티를 너무 좋아해서 그래요, 죠지."

"내 우둔한 유머 때문이오, 여보."

"사소한 일에 과민하게 반응했기 때문이예요, 주인님."

그러다가 한둘이 울음을 터뜨렸다. "그래 맞아, 그래 맞아. 아이를 키우는 데 개를 길러서는 안돼." 라고 생각하며 나나가 울었다. 몇 번씩이나 다링 씨가 나나의 눈에 수건을 갖다 대었다.

"마귀 같으니라고." 다링 씨가 소리쳤으며 나나도 따라서 짖었으나, 다링 부인은 결코 피터팬을 비난하지 않았다. 그녀의 입속에서 무언가가 피터팬을 욕하는 것을 막았다.

그들은 텅빈 아이들 방에서 그 악몽 같은 저녁의 세세한 일들을 회상하며 앉아 있었다. 그것은 매우 평범하게, 다른 수많은 저녁과 마찬가지로, 나나가 물을 튀기며, 마이클을 등에 태우고 욕조로 데려가면서 시작하였다.

"자기 싫어." 아직 할 말이 있는 사람처럼 그가 소리쳤다.

believed that he had the last word on the subject, "I won't, I won't. Nana, it isn't six o'clock yet. Oh dear, oh dear, I shan't love you any more, Nana. I tell you I won't be bathed, I won't, I won't!"

Then Mrs. Darling had come in, wearing her white evening-gown. She had dressed early because Wendy so loved to see her in her evening-gown, with the necklace George had given her. She was wearing Wendy's bracelet on her arm; she had asked for the loan of it. Wendy so loved to lend her bracelet to her mother.

She had found her two older children playing at being herself and father on the occasion of Wendy's birth, and John was saying:

"I am happy to inform you, Mrs. Darling, that you are now a mother," in just such a tone as Mr. Darling himself may have used on the real occasion.

Wendy had danced with joy, just as the real Mrs. Darling must have done.

Then John was born, with the extra pomp that he conceived due to the birth of a male, and Michael came from his bath to ask to be born also, but John said brutally that they did not want any more.

Michael had nearly cried. "Nobody wants me," he said,

---

necklace:목걸이 bracelet:팔찌 loan: 대부, 빌림 lend:빌려주다 play at:소꿉놀이를 하다 on the occasion of:~를 흉내내어,~의 경우에 inform:알리다, 통지하다 tone:어조, 목소리 dance: 춤을 추다 with joy:기꺼이, 즐거워하며 pomp:의식 due:당연한, 어울리는 male:남성 brutally:냉담하게

"안 할래, 안 한단 말야. 나나, 아직 여섯 시도 안 됐단 말야. 오 제발, 제발. 난 이제 널 좋아하지 않을 거야, 나는 목욕하지 않을 거야, 나나."

그 때, 흰 이브닝 가운을 걸치고 다링 부인이 들어왔다. 이브닝 가운을 입고, 죠지가 선물한 목걸이를 한 그녀를 보는 것을 웬디가 매우 좋아했기 때문에, 일찍 입고 있었다. 그녀는 팔에 웬디의 팔찌를 끼고 있었다. 그녀는 그것을 빌려 달라고 했고, 웬디는 팔찌를 기꺼이 엄마에게 빌려주었다.

그녀는 두 아이가 웬디 자신이 출산할 때를 가정하고 그녀 자신과 아버지 역할의 장난을 하는 것을 보았다.

"이제 당신이 엄마가 되었다는 것을 알려 주게 되어 매우 행복해." 라고 실제로 다링 씨가 말했을 듯한 어조로 존이 말했다. 웬디는 다링 부인이 실제로 행동했을 것같이 기뻐하며 춤을 추었다. 그 다음엔 남자의 출산에는 당연하다고 생각하는 화려한 의식과 함께 존이 태어났으며, 자기도 태어났는지를 물으려고 마이클이 욕조에서 나왔으나, 더이상 아이는 필요 없다고 존이 냉담하게 말했다.

마이클이 거의 울 것 같았다. "아무도 나를 원치 않아요." 그가 말했으며, 이브닝 가운을 걸치고 있던 다링 부인은 당연히 그것을 참을 수가 없었다.

"나는 원한단다. 세 번째 아이를 매우 원한다."

and of course the lady in the evening-dress could not stand that.

"I do," she said, "I so want a third child."

"Boy or girl?" asked Michael, not too hopefully.

"Boy."

Then he had leapt into her arms. Such a little thing for Mr. and Mrs. Darling and Nana to recall now, but not so little if that was to be Michael's last night in the nursery.

They go on with their recollections.

"It was then that I rushed in like a tornado, wasn't it?" Mr. Darling would say, scorning himself; and indeed he had been like a tornado.

Perhaps there was some excuse for him. He, too, had been dressing for the party, and all had gone well with him until he came to his tie. It is an astounding thing to have to tell, but this man, though he knew about stocks and shares, had no real mastery of his tie. Sometimes the thing yielded to him without a contest, but there were occasions when it would have been better for the house if he had swallowed his pride and used a made-up tie.

This was such an occasion. He came rushing into the nursery with the crumpled little brute of a tie in his hand.

"Why, what is the matter, father dear?"

---

stand: 참다 hopefully: 희망에 차 recall: 회상하다 recollection: 회상 rush in: 돌진하다 tornado:돌풍 scorn: 조소하다 astounding: 놀라온 stocks and shares:주식 배당 mastery: 지배력, 숙달 yield: 굴복시키다 contest:대항 made~up: 기성의 crumpled: 구겨진, 쭈글쭈글한 brute: 짐승, 싫은 것

"남자요, 여자요?" 약간은 환하게 마이클이 말했다.

"남자."

그러자 그가 그녀의 품안으로 뛰어 들었다. 그런 사소한 일들을 지금 다링 부부와 나나가 회상하고 있으나, 그것이 아이들 방에서 마이클이 지내는 마지막 밤이었다면, 그것은 사소한 일이 아닐 것이다.

그들은 회상을 계속했다.

"내가 돌풍처럼 안으로 뛰어들어간 것이 바로 그때지?" 자학하며 다링 씨가 말했다. 사실 그는 돌풍 같았다.

어쩌면 그에게도 변명거리는 있었다. 그도 파티에 가기 위하여 옷을 입고 있었으며, 넥타이를 매려고 할 때까지는 모든 것이 잘 되고 있었다. 그런데 이 남자가, 주식 배당에 대해서는 잘 알고 있지만, 어떤 넥타이를 매야 하는지에 대해서는 문외한이라는 점을 밝혀 둘 필요가 있다. 때론 그것이 문제가 되지 않았지만, 그가 자존심을 버리고 기성품 넥타이를 사용하였다면 가정의 화목을 위해 더 좋았을 경우가 있었다. 지금이 그러한 때였다. 구겨져 형편없게 된 넥타이를 손에 들고 그가 아이들 방으로 뛰어들어왔다.

"왜 그러세요, 아빠?"

"무슨 문제냐고? 이 넥타이가 매어지지 않아." 그가 소리질렀다. 그는 매우 빈정거렸다. "이걸 내 목에 맬 순 없어. 침대

자학: 스스로 자기를 학대함
문외한: 그 일에 전문가가 아닌 사람, 직접 관계 없는 사람

"Matter!" he yelled; he really yelled. "This tie, it will not tie." He became dangerously sarcastic. "Not round my neck! Round the bed-post! Oh yes, twenty times have I made it up round the bed-post, but round my neck, no! Oh dear no! begs to be excused!"

He thought Mrs. Darling was not sufficiently impressed and he went on sternly, "I warn you of this, mother, that unless this tie is round my neck we don't go out to dinner to-night, and if I don't go out to dinner to-night, I never go to the office again, and if I don't go to the office again, you and I starve, and our children will be flung into the streets."

Even then Mrs. Darling was placid. "Let me try, dear," she said, and indeed that was what he had come to ask her to do; and with her nice cool hands she tied his tie for him, while the children stood around to see their fate decided. Some men would have resented her being able to do it so easily, but Mr. Darling was far too fine a nature for that; he thanked her carelessly, at once forgot his rage, and in another moment was dancing round the room with Michael on his back.

"How wildly we romped!" says Mrs. Darling now, recalling it.

---

yell:고함지르다 sarcastic: 냉소적인 bedpost: 침대 기둥 sufficiently: 충분하게 impressed: 감명받은, 인식한 sternly: 단호하게 warn A of B:A에게 B에 대해 경고하다 go out: 외출하다 starve: 굶주리다 fling: 내던지다 placid:순종하는, 유순한 try: 시도하다 resent: 화를 내다 rage: 화, 분노

다리에나 매야겠어! 그래! 스무 번도 넘게 침대 다리에 매어 봤지, 내 목에는 잘 매지지가 않는단 말야. 제기랄! 여보! 무슨 미안하다는 말좀 해봐!"

그는 부인이 아직 충분하게 인식하지 못하고 있다고 생각하고 계속 단호하게 말했다. "내가 당신한테 경고하는데, 내가 넥타이를 매지 못하면 우린 오늘밤 저녁 식사 외출을 못 할 것이며, 오늘밤 저녁 식사 외출을 못한다면, 나는 다시는 출근할 수 없을 것이고, 출근하지 못하면, 당신과 나는 굶주리게 되고, 우리의 아이들은 거리로 내몰릴 것이오."

그제야 다링 부인이 순종했다.

"여보, 내가 해 드릴게요." 그녀가 말했으며, 이것이 바로 그가 그녀에게 부탁하려고 온 이유였다. 엄격하고 차가운 손으로 그녀가 넥타이를 매주는 동안 아이들은 그들의 운명이 어떻게 결정 나는지를 보려고 주위에 서 있었다. 다른 남자라면 그녀가 그렇게 쉽게 하는 것에 화를 낼 법도 하지만 다링 씨는 좋은 천성을 지니고 있었기에 그리하지 않고 금방 화낸 것도 잊어버리고, 무뚝뚝하게 그녀에게 고맙다고 하였다. 그리고 조금 있다가는 마이클을 등에 업고 춤추며 방을 돌아다녔다.

"우리가 너무 거칠게 떠들었어요." 지금 그것을 회상하며 다링 부인이 말한다.

"다시는 소란 피지 맙시다." 다링 씨가 괴로워하며 말했다.

단호: 흔들림없이 엄격함

"Our last romp!" Mr. Darling groaned.

"O George, do you remember Michael suddenly said to me, 'How did you get to know me, mother?' "

"I remember!"

"They were rather sweet, don't you think, George?"

"And they were ours, ours, and now they are gone."

The romp had ended with the appearance of Nana, and most unluckily Mr. Darling collided against her, covering his trousers with hairs. They were not only new trousers, but they were the first he had ever had with braid on them, and he had to bite his lip to prevent the tears coming. Of course Mrs. Darling brushed him, but he began to talk again about its being a mistake to have a dog for a nurse.

"George, Nana is a treasure."

"No doubt, but I have an uneasy feeling at times that she looks upon the children as puppies."

"Oh no, dear one, I feel sure she knows they have souls."

"I wonder," Mr. Darling said thoughtfully, "I wonder." It was an opportunity, his wife felt, for telling him about the boy. At first he pooh-poohed the story, but he became thoughtful when she showed him the shadow.

"It is nobody I know," he said, examining it carefully,

---

appearance: 나타남, 출현 unluckily:불행하게 collid against: ~와 충돌하다 bite: 깨물다 brush:닦아 내다 treasure:보배 uneasy: 불편한, 불쾌한 look upon A as B: A를 B로 간주하다, 여기다 puppy: 장난감, 애완동물 soul: 영혼 thoughtfully: 숙고하여, 생각에 잠겨 pooh~pooh: 웃어넘기다

"죠지, '엄마 어떻게 나를 낳았어요?' 라고 마이클이 갑자기 나에게 한 말 기억해요?"

"기억하지."

"그 애들이 더욱 사랑스럽더라고. 당신도 그러지 않았나요, 죠지?"

"물론. 그 애들은 우리 애들이잖소. 지금은 떠나갔지만."

그 소란은 나나의 출현으로 끝이 났으나, 운 나쁘게도 그의 바지에 털이 묻어 있자 다링 씨는 그녀와 다시 충돌하였다. 그것은 새 바지였을 뿐 아니라, 그가 가지고 있는 바지 중에 처음으로 가졌던 리본이 달린 바지였기 때문에 그는 눈물이 나오는 것을 참기 위해 입술을 깨물어야만 했다. 물론 다링 부인이 떼어 내기는 하였지만, 다링 씨는 개가 유모 역할을 하게 하는 것은 실수라고 다시 말하기 시작하였다.

"죠지, 나나는 보배예요."

"물론이지. 하지만, 나나가 아이들을 장난감 다루듯 하는 것에 때로는 기분이 좋지가 않소."

"오, 아니예요. 애들에게도 영혼이 있다는 것을 나나도 분명히 알 거예요."

"아니오. 내 생각엔 그런 것 같지 않소." 다링 씨가 숙고하듯 말했다. 그 소년에 대해 이야기 할 때라고 그의 부인은 느꼈다. 처음에 그는 그 이야기를 웃어 넘겼으나, 그녀가 그림자를 보

숙고: 깊이 생각함

"but he does look a scoundrel."

"We were still discussing it, you remember," says Mr. Darling, "when Nana came in with Michael's medicine. You will never carry the bottle in your mouth again, Nana, and it is all my fault."

Strong man though he was, there is no doubt that he had behaved rather foolishly over the medicine. If he had a weakness, it was for thinking that all his life he had taken medicine boldly; and so now, when Michael dodged the spoon in Nana's mouth, he had said reprovingly, "Be a man, Michael."

"Won't; won't," Michael cried naughtily. Mrs. Darling left the room to get a chocolate for him, and Mr. Darling thought this showed want of firmness.

"Mother, don't pamper him," he called after her. "Michael, when I was your age I took medicine without a murmur. I said 'Thank you, kind parents, for giving me bottles to make me well.' " He really thought this was true, and Wendy, who was now in her night-gown, believed it also, and she said, to encourage Michael, "That medicine you sometimes take, father, is much nastier, isn't it?"

"Ever so much nastier," Mr. Darling said bravely, "and I

---

scoundrel:악당, 악한 behave:행동하다 foolishly:우둔하게 boldly:대담하게 dodge:교묘하게 둘러대다 reprovingly:꾸짖듯이, 비난하듯이 naughtily:도도하게 firmness:단호함 pamper:버릇없이 굴게하다 take medicine: 약을 먹다 murmur:머뭇거림 encourage: 격려하다 nasty:역겨운

여주자 그는 진지해졌다.

"내가 아는 한, 이건 아무것도 아니야. 악당처럼 생겼군." 그것을 자세하게 살펴본 후 그가 말했다.

"당신도 기억하듯, 우리는 계속해서 그것에 대해 이야기하고 있었는데 그때 나나가 마이클의 약을 들고 왔지. 나나야, 앞으로는 입에 약병을 물고 다닐 필요가 없을 게다. 그건 모두 내 잘못이야." 다링 씨가 말했다.

강직한 사람이긴 하지만, 그가 약에 대해 약간은 바보처럼 행동했다는 것에 대해서는 의심할 여지가 없다. 그에게 약점이 있다면, 그것은 그가 자신이 평생 동안 약을 잘 먹어 왔다고 생각하는 것이다. 지금도 마찬가지여서 마이클이 약 스푼을 나나의 입으로 속여 넣을 때, 그는 "사나이가 되어라, 마이클." 하고 꾸짖듯이 말하였다.

"싫어요, 싫어요." 마이클이 말을 듣지 않고 울었다. 다링 부인이 그에게 초컬릿을 가져다 주려고 방을 나가자, 다링 씨는 그것이 단호함이 부족하다는 것을 보여준다고 생각하였다.

"여보, 그를 버릇없이 굴게 두지 말아요." 그녀에게 말했다. "마이클, 내가 네 나이였을 때 나는 머뭇거리지 않고 약을 먹었단다. 나는 '고맙습니다. 내가 잘 되라고 약을 주셔서 고맙습니다, 부모님.' 이라고 말했단다."

그는 진짜 그랬을 것이라 생각했고, 잠옷을 입고 있던 웬디

강직: 마음이 굳세고 곧음

would take it now as an example to you, Michael, if I hadn't lost the bottle."

He had not exactly lost it; he had climbed in the dead of night to the top of the wardrobe and hidden it there. What he did not know was that the faithful Liza had found it, and put it back on his wash-stand.

"I know where it is, father," Wendy cried, always glad to be of service. "I'll bring it," and she was off before he could stop her. Immediately his spirits sank in the strangest way.

"John," he said, shuddering, "it's the most beastly stuff. It's that nasty, sticky, sweet kind."

"It will soon be over, father," John said cheerily, and then in rushed Wendy with the medicine in a glass.

"I have been as quick as I could," she panted.

"You have been wonderfully quick," her father retorted, with a vindictive politeness that was quite thrown away upon her. "Michael first," he said doggedly.

"Father first," said Michael, who was of a suspicious nature.

"I shall be sick, you know," Mr. Darling said threateningly.

"Come on, father," said John.

---

wardrobe:벽장 wash stand:세면대 shudder:어깨(몸)를 떨다 stuff:물건, 꾸러미, 잡동사니 cheerily:활기차게 pant:숨을 헐떡이다 retort:응수하다 vindictive:복수심이 있는, 원한을 품은 politness:정중함, 예의바른 suspicious:의심성 있는 threateningly:위협하듯

도 그것이 사실이라는 생각이 들어 마이클을 격려하려고 "아빠가 먹던 약은 훨씬 먹기가 힘들었었죠?" 라고 말했다.

"훨씬 역겨웠지. 그 약병을 잃어버리지만 않았다면 지금 본보기로 먹어 볼 수 있을 텐데." 다링 씨가 용감하게 말했다. 실은 그는 그것을 잃어버리지 않았다. 그는 캄캄한 밤에 벽장 위에 올라가 거기에 감추었었다. 그가 지금 모르고 있는 것은 충실한 리자가 그것을 찾아내 도로 세면대 위에 갖다 놓았다는 사실이다.

"그것이 어디에 있는지 알아요." 항상 수고하기를 마다 하지 않는 웬디가 소리쳤다. "제가 그것을 가져올게요." 그가 말리기도 전에 웬디가 나갔다. 갑자기 그는 마음이 덜컹 내려앉았다.

"존, 그것은 매우 역겨운 약이란다. 몹시 냄새가 나는 귀찮은 것이란다." 그가 오싹하며 말했다.

"금방 끝날 거예요, 아빠." 존이 밝게 말했으며 그때, 컵에 약을 들고 웬디가 들어왔다.

"최대한 빨리 가져왔어요." 그녀가 숨가쁘게 말했다.

"정말 놀랄 만큼 빠르구나." 그녀의 아버지는 그녀에게 뼈있게 응수하였다. "마이클, 너 먼저 먹으렴." 하고 그가 속임수로 말하였다.

"아빠 먼저." 의심을 잘하는 성격인 마이클이 말했다.

"아프려나 보구나." 다링 씨가 위협하듯 말했다.

응수: 상대편의 말이나 일에 대하여 응함

"Hold your tongue, John," his father rapped out.

Wendy was quite puzzled. "I thought you took it quite easily, father."

"That is not the point," he retorted. "The point is, that there is more in my glass than in Michael's spoon." His proud heart was nearly bursting. "And it isn't fair; I would say it though it were with my last breath; it isn't fair."

"Father, I am waiting," said Michael coldly.

"It's all very well to say you are waiting; so am I waiting."

"Father's a cowardly custard."

"So are you a cowardly custard."

"I'm not frightened."

"Neither am I frightened."

"Well, then, take it."

"Well, then, you take it."

Wendy had a splendid idea. "Why not both take it at the same time?"

"Certainly," said Mr. Darling. "Are you ready, Michael?"

Wendy gave the words, one, two, three, and Michael took his medicine, but Mr. Darling slipped his behind his back.

---

rape out: 격분하다, 진노하다 puzzle: 놀라게 하다, 당황하게 하다 burst: 파열하다, 폭발하다 fair: 공정한 cowardy: 겁많은, 소심한 custard:겁쟁이 frightened:놀란, 겁먹은 splendid: 놀랄만한, 멋진 at the same time: 동시에, 똑같이 certainly: 확실히, 좋고 말고 be ready: 준비된 slip: 흘리다

"농담하지 마세요." 존이 말했다.

"잠자코 있어, 존." 그의 아버지가 격분하여 말했다.

웬디는 깜짝 놀랐다. "나는 아빠가 쉽게 먹을 줄 알았는데."

"그게 문제가 아니란다. 문제는 내 컵속에 있는 것이 마이클 것보다 많다는 거야." 그가 말대꾸하였다. 그의 자존심은 거의 상해 가고 있었다.

"게다가 그것은 공정하지 못해. 내가 마지막으로 하는 말이 될지라도 할 말은 해야겠다. 그것은 공정하지 못하다."

"아빠, 제가 기다리고 있잖아요." 마이클이 냉담하게 말했다.

"네가 당연하게, 기다리고 있다고 말하는 것처럼 나 역시 기다리고 있다."

"아빠는 겁쟁이예요."

"너도 마찬가지야."

"나는 겁먹지 않았어요."

"나도 마찬가지야."

"좋아요. 그럼 먹어 봐요."

"그럼 네가 먹어 봐라." 웬디가 좋은 생각을 해냈다.

"둘이 동시에 먹는 게 어때요?"

"그러자꾸나. 준비됐니, 마이클?" 다링 씨가 말하였다.

웬디가 하나, 둘, 셋을 세자, 마이클은 자기 약을 먹었으나 다링 씨는 등뒤로 약을 흘렸다.

격분: 몹시 노함

There was a yell of rage from Michael, and "O father!" Wendy exclaimed.

"What do you mean by 'O father'?" Mr. Darling demanded. "Stop that row, Michael. I meant to take mine, but I missed it."

It was dreadful the way all the three were looking at him, just as if they did not admire him. "Look here, all of you," he said entreatingly, as soon as Nana had gone into the bathroom, "I have just thought of a splendid joke. I shall pour my medicine into Nana's bowl, and she will drink it, thinking it is milk!"

It was the colour of milk; but the children did not have their father's sense of humour, and they looked at him reproachfully as he poured the medicine into Nana's bowl. "What fun," he said doubtfully, and they did not dare expose him when Mrs. Darling and Nana returned.

"Nana, good dog," he said, patting her, "I have put a little milk into your bowl, Nana."

Nana wagged her tail, ran to the medicine, and began lapping it. Then she gave Mr. Darling such a look, not an angry look: she showed him the great red tear that makes us so sorry for noble dogs, and crept into her kennel.

Mr. Darling was frightfully ashamed of himself, but he

---

rage:화, 분노 exclaim: 소리치다 row:법석댐 dreadful:무서운 admire:존경하다 entreatingly:간청하듯 as soon as:~하자 마자 bathroom:욕실 joke: 농담 pour:쏟다, 붓다 sense:의미 reproachfully:비난하듯 doubtfully:의심하여 머뭇거리다 expose:노출하다 noble:고상한 kennel:개집

마이클이 고함을 질렀고, "아빠!"하고 웬디가 큰 소리로 말했다.

"아빠라니. 그게 무슨 말이니?" 다링 씨가 물었다.

"법석 떨지 마라, 마이클. 나도 먹으려고 했으나 그만 놓쳐 버렸다."

존경하지 않는다는 듯이 그를 바라보는 셋의 모습은 무서웠다. "얘들아 여길 봐라." 나나가 욕실로 들어가자마자 그가 간청하듯 말하였다. "막 멋진 장난이 생각이 났다. 내가 약을 나나의 밥그릇에 넣으면, 나나는 그게 우유인 줄 알고 마실게다."

약은 우유 색이었다. 그러나 아이들은 아버지의 유머의 의미를 이해하지 못했으며, 그가 약을 나나의 그릇에 부을 때 비난하듯 바라보았다.

"얼마나 멋진 장난이니?" 그가 모호하게 말했으며, 그들은 다링 부인과 나나가 돌아왔을 때, 그의 행위를 감히 누설하지 않았다.

"나나, 착하지. 네 밥그릇에 우유를 조금 부었다." 나나를 토닥거리며 말했다.

나나가 꼬리를 흔들며 약으로 가서 핥기 시작하였다. 그리고 나서 화난 것 같지는 않은 모습으로 다링 씨를 보았다. 고결한 개들에게 미안해하는 마음이 들도록 하는 피눈물을 보이며 자기 집속으로 들어가 버렸다.

모호: 흐리어 똑똑하지 못함
누설: 비밀이 밖으로 새어나감

would not give in. In a horrid silence Mrs. Darling smelt the bowl. "O George," she said, "it's your medicine!"

"It was only a joke," he roared, while she comforted her boys, and Wendy hugged Nana. "Much good," he said bitterly, "my wearing myself to the bone trying to be funny in this house."

The night was peppered with stars. They were crowding round the house, as if curious to see what was to take place there, but she did not notice this, nor that one or two of the smaller ones winked at her. Yet a nameless fear clutched at her heart and made her cry, "Oh, how I wish that I wasn't going to a party to-night!"

Even Michael, already half asleep, knew that she was perturbed, and he asked, "Can anything harm us, mother, after the night-lights are lit?"

"Nothing, precious," she said; "they are the eyes a mother leaves behind her to guard her children."

She went from bed to bed singing enchantments over them, and little Michael flung his arms round her. "Mother," he cried, "I'm glad of you." They were the last words she was to hear from him for a long time.

No. 27 was only a few yards distant, but there had been a slight fall of snow, and Father and Mother Darling

---

give in: 굴복하다 horrid: 무서운 silence: 침묵 smell: 냄새를 맡다 roar: 소리치다, 으르렁거리다 comfort: 위로하다 hug: 부둥켜안다 bitterly:씁쓰레하게 to the bone:완전히

다링 씨는 자신이 몹시 부끄러웠으나 굴복하려 하지 않았다. 무서운 침묵이 흐를 때 다링 부인이 그릇의 냄새를 맡았다. "세상에 죠지! 이것은 당신 약이잖아요?" 그녀가 말했다.

그녀가 아들들을 위로하고 웬디가 나나를 안고 있는 동안 "그건 단지 장난이었어!"라고 그가 소리쳤다. "꼴좋군! 나는 이 집에서 완전히 우스갯거리군." 그가 씁쓰레 말했다.

밤 하늘엔 별들이 뿌려져 있었다. 별들은 마치 거기에서 무슨 일이 일어나는가를 보려는 듯 집 주위에 모여들고 있었으나 그녀는 그것을 알지 못했으며 작은 별들 중의 한둘이 그녀에게 윙크하는 것도 깨닫지 못하였다. 막 까닭 모를 두려움이 그녀의 마음을 짓눌렀고 그녀는 소리쳤다. "아, 오늘밤 파티에 가지 않았으면 좋겠는데."

이미 반쯤 잠이 든 마이클도 그녀가 근심하고 있음을 깨닫고 물었다. "야간등이 켜진 후에도 그 무엇이 우리를 해칠 수 있나요, 엄마?"

"아무것도 없단다, 애야." 그녀가 말했다 "야간등들은 아이들을 지키기 위해 뒤에 남겨 놓는 엄마의 눈들이란다."

그녀는 침대마다 돌아다니며 어루만져 주었으며 어린 마이클이 그녀에게 팔을 뻗었다. "엄마." 그가 말했다. "사랑해요." 그것은 그녀가 오랫동안 그로부터 마지막으로 들었던 말이었다.

27번가는 겨우 몇 야드 떨어진 곳에 있었다. 그러나 살짝 눈

picked their way over it deftly not to soil their shoes. They were already the only persons in the street, and all the stars were watching them. Stars are beautiful, but they may not take an active part in anything, they must just look on for ever. It is a punishment put on them for something they did so long ago that no star now knows what it was. So the older ones have become glassy-eyed and seldom speak (winking is the star language), but the little ones still wonder. They are not really friendly to Peter, who has a mischievous way of stealing up behind them and trying to blow them out; but they are so fond of fun that they were on his side tonight, and anxious to get the grownups out of the way. So as soon as the door of 27 closed on Mr. and Mrs. Darling there was a commotion in the firmament, and the smallest of all the stars in the Milky Way screamed out:

"Now, Peter!"

---

pick over: 조심하다 deftly: 조심하여 soil: 버리다, 망치다 punishment: 처벌, 벌 glassy-eyed: 사시눈의 mischievous: 해로운, 나쁜 grown-up: 어른, 성인 commotion: 소동, 동요 firmament: 하늘, 창공 scream:소리치다

이 내려 있었기 때문에 다링 부부는 그들의 신발을 버리지 않도록 조심조심 그 위를 걸어갔다. 이미 길에는 그들밖에 없었으며 모든 별들이 그들을 내려다보고 있었다. 별들은 아름답지만 모든 일에 능동적인 역할을 할 수가 없으며 그들은 단지 영원히 지켜보기만 해야 한다. 이것은 별들이 오래 전에 저지른 일, 그래서 현재 어떠한 별도 과거에 무엇이었는지 알 수 없기 때문에 부과된 벌이다. 그래서 늙은 별들은 사시눈이 되었으며 말도 거의 하지 않지만(윙크가 별들의 언어이다.) 작은 별들은 아직도 궁금해 하고 있다. 별들은 그들 몰래 나쁜 짓을 하고 다니며 그들을 쫓아 없애려고 하는 피터와는 실제로는 사이가 좋지 않았으나, 그들은 재미난 것을 좋아하기 때문에 오늘밤은 그의 편이었으며 어른들이 거리에서 빨리 사라지기를 바라고 있었다. 그래서 다링 부부가 들어가서 27번가 문이 닫히자마자 하늘에서 소요가 있었으며 은하수의 별들 중 가장 작은 별이 외쳤다.

"지금이야, 피터."

부과: 임무나 책임 따위를 지워 맡게 함
소요: 여러 사람이 떠들썩하게 들고 일어남

CHAPTER 3

Come Away Come Away

FOR a moment after Mr. and Mrs. Darling left the house the night-lights by the beds of the three children continued to burn clearly. They were awfully nice little night-lights, and one cannot help wishing that they could have kept awake to see Peter; but Wendy's light blinked and gave such a yawn that the other two yawned also, and before they could close their mouths all the three went out.

There was another light in the room now, a thousand times brighter than the night-lights, and in the time we have taken to say this, it has been in all the drawers in the nursery, looking for Peter's shadow, rummaged the wardrobe and turned every pocket inside out. It was not really a light; it made this light by flashing about so quickly, but when it came to rest for a second you saw it was a fairy, no longer than your hand, but still growing. It was a girl called Tinker Bell exquisitely gowned in a skeleton leaf, cut low and square, through which her figure could be seen to the best advantage. She was slightly inclined to embonpoint.

---

continue: 계속하다 burn: 타다 awfully: 몹시, 매우 awake: 깨어있는
yawn: 하품하다 in the time: ~하는 동안에 rummage: 샅샅이 뒤지다
exquisitely: 절묘하게, 정묘하게, 멋지게, 심하게 skeleton: 뼈대만 남은, 앙상한,(나뭇잎) 줄기의 embonpoint: 살이 찐, 통통한

제 3 장
이리 나와, 이리 나오라고

다링 부부가 집을 떠난 후에도 한동안 세 아이들의 침대 옆에 있는 야간등들은 계속해서 밝게 빛나고 있었다. 그것들은 매우 멋지고 작은 야간등들이었다. 우리는 그것들이 계속 타올라 피터팬이 오는 것을 볼 수 있기를 바랄 뿐이지만, 웬디의 야간등이 깜박거리며 하품 같은 것을 하자 다른 두 개도 따라 하였으며, 그들이 입을 닫기도 전에 세 개 모두 꺼져 버렸다.

지금 방에는 야간등보다 천 배나 밝은 또다른 등이 있었는데, 우리가 이 이야기를 하고 있는 동안에도 그것은 피터팬의 그림자를 찾기 위해 아이들방의 모든 서랍 속을 뒤지고 있었으며, 옷장을 뒤져 모든 주머니까지 뒤집고 있었다. 실제 그것은 등이 아니었다. 매우 빠르게 반짝이면서 빛을 내고 있었는데, 그것이 잠깐 멈출 때 당신은 손보다는 크지 않지만, 계속 자라는 요정이라는 것을 알 수 있다. 그 요정은 팅커벨이라 불리는 소녀로 모가 나지 않는 사각형으로 자른, 잎맥이 있는 나뭇잎을 절묘하게 걸치고 있었는데, 그 차림이 그녀의 용모를 최고로 표현하고 있었다. 그녀는 약간 살이 찐 편이었다.

그 요정이 들어온 후 작은 별들의 숨소리에 창문이 열렸으며, 피터팬이 안으로 들어왔다. 그는 여행 중에 팅커벨을 동반

A moment after the fairy's entrance the window was blown open by the breathing of the little stars, and Peter dropped in. He had carried Tinker Bell part of the way, and his hand was still messy with the fairy dust.

"Tinker Bell," he called softly, after making sure that the children were asleep, "Tink, where are you?" She was in a jug for the moment, and liking it extremely; she had never been in a jug before.

"Oh, do come out of that jug, and tell me, do you know where they put my shadow?"

The loveliest tinkle as of golden bells answered him. It is the fairy language. You ordinary children can never hear it, but if you were to hear it you would know that you had heard it once before.

Tink said that the shadow was in the big box. She meant the chest of drawers, and Peter jumped at the drawers, scattering their contents to the floor with both hands, as kings toss ha'pence to the crowd. In a moment he had recovered his shadow, and in his delight he forgot that he had shut Tinker Bell up in the drawer.

If he thought at all, but I don't believe he ever thought, it was that he and his shadow, when brought near each other, would join like drops of water; and when they did

---

entrance: 출입 drop: 뛰어들다 messy: 더러운, 지저분한 make sure: 확인하다 jug: 항아리, 물병, 주전자 extremely: 몹시, 매우 tinkle: 딸랑거림 fairy: 요정(의) scatter: 흩뿌리다

하였으며, 그의 손은 아직도 요정 가루로 지저분하였다.

"팅커벨." 아이들이 잠든 것을 확인한 후 그가 부드럽게 불렀다. "팅크, 어디에 있니?" 그녀는 그때 물병 속에 있었으며, 그것이 매우 마음에 들었다. 그녀는 물병속에 들어 가 본 적이 없었다.

"오, 그 물병에서 나와 말 좀 해줄래? 그들이 내 그림자를 어디에 놓았는지 아니?"

골든벨의 매우 아름다운 딸랑 소리가 그에게 답하였다. 그것이 요정들의 언어인 것이다. 여러분 같은 보통의 어린이들은 결코 들을 수 없을 테지만, 설혹 여러분이 그 소리를 듣게 되면 여러분은 그 소리를 전에 한 번 들어본 적이 있다는 것을 알 것이다.

팅크는 그림자가 큰 박스 속에 있다고 말했다. 그녀가 의미하는 큰 박스는 서랍이었으며, 피터는 서랍 위로 뛰어올라, 마치 왕이 군중들에게 반 페니 동전들을 던지듯, 안에 들어 있던 물건들을 마루로 집어던졌다. 곧바로 그는 그림자를 찾았으며, 기쁨에 겨워 팅커벨이 안에 있다는 것을 잊은 채, 그만 서랍을 닫아 버렸다.

그가 조금이라도 생각했다면, 그런데 나는 그가 그러한 것조차 생각하지 않았다고 믿지만, 그와 그의 그림자는 서로 옆에 있을 때에는 물방울처럼 어울리지만, 그렇지 않을 때에는 그가 무서움에 사로잡혔다. 그는 욕실에서 가져온 비누로 그림자를

not he was appalled. He tried to stick it on with soap from the bathroom, but that also failed. A shudder passed through Peter, and he sat on the floor and cried.

His sobs woke Wendy, and she sat up in bed. She was not alarmed to see a stranger crying on the nursery floor; she was only pleasantly interested.

"Boy," she said courteously, "why are you crying?"

Peter could be exceedingly polite also, having learned the grand manner at fairy ceremonies, and he rose and bowed to her beautifully. She was much pleased, and bowed beautifully to him from the bed.

"What's your name?" he asked.

"Wendy Moira Angela Darling," she replied with some satisfaction. "What is your name?"

"Peter Pan."

She was already sure that he must be Peter, but it did seem a comparatively short name.

"Is that all?"

"Yes," he said rather sharply. He felt for the first time that it was a shortish name.

"I'm so sorry," said Wendy Moira Angela.

"It doesn't matter," Peter gulped.

She asked where he lived.

---

appall: 무섭게 하다, 오싹하게 하다 shudder:몸서리, 전율(하다) sob: 울음
wake: 깨우다 corteously: 정중하게 exceedingly: 과도하게, 과장하여
ceremony: 의식, 모임 bow: 인사하다, 절하다 with satisfaction: 만족스럽게
comparatively:비교적, 상대적으로 shortish: 짧은 gulp: 억누르다

붙이려고 하였지만 실패하였다. 한차례 몸서리가 피터를 휩쓸었으며, 그는 마루 위에 앉아 울었다.

그의 울음소리가 웬디를 깨웠으며, 그녀는 일어나 침대에 앉았다. 그녀는 이상한 사람이 아이들방 마루에서 울고 있는 것을 보고도 놀라지 않았다. 그녀는 단지 유쾌한 호기심이 생겼다.

"얘! 너는 왜 울고 있니?" 정중하게 그녀가 말했다. 요정 모임에서 예절에 대해 배웠기 때문에 피터도 역시 과장스러울 정도로 정중할 수 있었으며, 그는 일어서서 우아하게 인사를 하였다.

"네 이름은?" 그가 물었다.

"웬디 모리아 안젤라 다링." 그녀가 만족스레 대답했다.

"네 이름은?"

"피터팬."

그녀는 이미 그가 피터임에 틀림없다고 확신하고 있었지만 이름이 조금은 짧다는 느낌이 들었다.

"그게 전부니?"

"그래." 그가 약간 날카롭게 대답했다. 처음으로 그는 자기 이름이 너무 짧다는 느낌이 들었다.

"미안해." 웬디 모리아 안젤라가 말했다.

"괜찮아." 피터가 참으며 말했다.

그녀는 그가 어디에 사는지를 물었다.

"Second to the right," said Peter, "and then straight on till morning."

"What a funny address!"

Peter had a sinking. For the first time he felt that perhaps it was a funny address.

"No, it isn't," he said.

"I mean," Wendy said nicely, remembering that she was hostess, "is that what they put on the letters?"

He wished she had not mentioned letters.

"Don't get any letters," he said contemptuously.

"But your mother gets letters?"

"Don't have a mother," he said. Not only had he no mother, but he had not the slightest desire to have one. He thought them very overrated persons. Wendy, however, felt at once that she was in the presence of a tragedy.

"O Peter, no wonder you were crying," she said, and got out of bed and ran to him.

"I wasn't crying about mothers," he said rather indignantly. "I was crying because I can't get my shadow to stick on. Besides, I wasn't crying."

"It has come off?"

Then Wendy saw the shadow on the floor, looking so draggled, and she was frightfully sorry for Peter. "How

---

straight: 곧장, 쭉 funny: 우스운 for the first time: 처음으로 address: 주소 mention:언급하다 contemptuously: 경멸하듯 desire: 욕망, 마음 indignantly: 분개하여, 분노하여 stick on: 붙이다, 접착시키다 draggled:끌린, 더러운

"오른쪽으로 두 번, 그 다음에 아침까지 쭉." 피터가 말했다.

"재미있는 주소구나!"

피터는 마음이 가라앉았다. 처음으로 그는 그것이 어쩌면 우스운 주소라고 느껴졌다.

"아니야. 우습지 않아." 그가 말했다.

웬디는 자신이 주인이라는 것을 알아 차리고 부드럽게 말했다. "난 편지 할 때 사용하는 주소를 물어 본건데."

그는 그녀가 편지에 대해서는 언급하지 않기를 바랐다.

"편지 따윈 쓰지 않아." 그가 경멸하듯 말했다.

"그렇지만 네 엄만 편지를 쓰지 않니?"

"엄만 없어," 그가 말했다. 그는 엄마가 없었을 뿐 아니라 엄마를 갖고 싶지도 않았다. 그는 그들을 너무 과대 평가하고 있다고 생각하였다. 그런데 웬디는 갑자기 자신이 비극적인 상황에 처해 있다는 생각이 들었다.

"오오, 피터. 네가 우는 이유를 알겠어." 그녀가 말하며 침대에서 내려와 그에게로 다가갔다.

"난 엄마 때문에 우는 게 아냐." 그가 약간 분개하듯 말했다. "나는 내 그림자를 붙일 수가 없어서 우는 거야. 게다가 난 우는 게 아냐."

"그게 떨어졌니?"

그제야 웬디는 마루 바닥에 있는 몹시 더러워 보이는 그림자를 보았으며, 피터에게 매우 미안하였다. "세상에!" 그녀가 말

분개: 몹시 분하게 여김

awful!" she said, but she could not help smiling when she saw that he had been trying to stick it on with soap. How exactly like a boy!

Fortunately she knew at once what to do. "It must be sewn on," she said, just a little patronisingly.

"What's sewn?" he asked.

"You're dreadfully ignorant."

"No, I'm not."

But she was exulting in his ignorance. "I shall sew it on for you, my little man," she said, though he was as tall as herself; and she got out her housewife, and sewed the shadow on to Peter's foot.

"I daresay it will hurt a little," she warned him.

"Oh, I shan't cry," said Peter, who was already of opinion that he had never cried in his life. And he clenched his teeth and did not cry; and soon his shadow was behaving properly, though still a little creased.

"Perhaps I should have ironed it," Wendy said thoughtfully; but Peter, boylike, was indifferent to appearances, and he was now jumping about in the wildest glee. Alas, he had already forgotten that he owed his bliss to Wendy. He thought he had attached the shadow himself. "How clever I am," he crowed rapturously, "Oh, the cleverness

---

at once: 즉시, 바로 sew: 바느질하다, 꿰매다 partronizingly:은인이라도 된 듯 exult:우쭐대다, 의기양양해지다 get out: 꺼내다 housewife: 반짇고리 warn: 경고하다, 주의를 주다 clench: 꽉 물다 creased: 구겨진, 주름이 잡힌 iron: 다림질하다 rapturously: 기뻐하여

했다. 그러나 그가 그림자를 비누로 붙이려고 했다는 것을 보고는 웃지 않을 수 없었다. 얼마나 어린이다운가?

다행히도 그녀는 즉시 무엇을 해야 할지를 알았다. "바느질을 하면 될 거야." 약간 은인이라도 된 듯 그녀가 말했다.

"바느질이 뭔데?" 그가 물었다.

"너 정말 바보구나."

"아니야."

그렇지만 그녀는 그의 무지에 약간은 기뻐하고 있었다. 그가 그녀만큼 컸음에도 "내가 당신을 위해 바느질을 해 줄게, 꼬마 양반." 그녀가 말했다. 그녀는 반짇고리를 꺼내 피터의 발에 그림자를 꿰맸다.

"좀 아플 거야." 그녀가 그에게 경고를 하였다.

"괜찮아. 울지 않을 거야." 피터가 말했는데, 그는 이미 평생 운 적이 없다고 생각하고 있었다. 그는 이를 물고 울지 않았다. 아직도 약간 주름이 잡혀 있었지만, 금방 그의 그림자는 적절히 움직이고 있었다.

"다리미질을 좀 했어야 했는데." 웬디가 사려 깊게 말했지만 피터는 소년처럼 모양새에 관심이 없었으며 이제는 기쁨에 겨워 뛰어다녔다. 아! 그는 벌써 웬디에게 감사하다고 해야 하는 것도 잊어버렸다. "난 진짜 영리하단 말이야" 그는 기뻐 환성을 질렀다. "오 나의 현명함이여."

피터의 이러한 자만은 그의 가장 두드러진 성격 중 하나라는

사려: 여러가지 일에 대한 생각과 근심
자만: 스스로 만족하게 여김

of me!"

It is humiliating to have to confess that this conceit of Peter was one of his most fascinating qualities. To put it with brutal frankness, there never was a cockier boy.

But for the moment Wendy was shocked. "You conceit," she exclaimed, with frightful sarcasm; "of course I did nothing!"

"You did a little," Peter said carelessly, and continued to dance.

"A little!" she replied with hauteur; "if I am no use I can at least withdraw"; and she sprang in the most dignified way into bed and covered her face with the blankets.

To induce her to look up he pretended to be going away, and when this failed he sat on the end of the bed and tapped her gently with his foot. "Wendy," he said, "don't withdraw. I can't help crowing, Wendy, when I'm pleased with myself." Still she would not look up, though she was listening eagerly. "Wendy," he continued in a voice that no woman has ever yet been able to resist, "Wendy, one girl is more use than twenty boys."

Now Wendy was every inch a woman, though there were not very many inches, and she peeped out of the bedclothes.

---

humilate:모욕하다 conceit:판단 frankness:솔직함 cocky:건방진 sarcasm:비난, 비꼼 caressly:부주의하게 hauteur:거만, 도도 withdraw:물러나다, 철수하다 dignified:위엄있는, 고귀한, 당당한 induce:유도하다 go away:가다 tap:툭툭치다 resist:저항하다 peep out:힐끔 내다보다

것을 인정해야 하는 것은 모욕적이다. 아무리 솔직해도 그보다 건방진 소년은 없었다.

그러자 순간 웬디는 충격을 받았다. "너는 어떻게 그렇게 생각하니?" 그녀가 몹시 빈정거리며 말했다. "비록 내가 한 것은 없지만."

"조금 한 것은 있지." 피터가 조심성 없이 말하고는 계속 춤을 추었다.

"조금이라고!" 그녀가 거만하게 말했다. "내가 아무 쓸모 없다면 나는 그만 돌아가겠어!" 그녀는 매우 당당하게 침대로 올라가 담요로 얼굴을 뒤집어썼다.

그녀가 내다보도록 그는 가는 체하였지만 통하지 않았으며 그는 침대 한쪽 끝에 앉아 발로 그녀를 가볍게 툭툭 쳤다. "웬디 그만해, 웬디. 나는 기쁘면 소리친단 말이야!" 그녀는 비록 열심히 듣고는 있지만 아직도 내다보려 하지 않았다. "웬디!" 그가 그 어느 여자도 저항할 수 없는 목소리로 계속했다. "웬디 소녀 한 명이 소년 스물보다 훨씬 쓸모 있단다."

웬디는 여러 방면은 아니지만 현재는 완전한 여자였기에 그녀는 담요 밖으로 힐끔 바라보았다.

"정말 그렇게 생각하니, 피터?"

"그래."

"내 생각에 너는 매우 부드러운 것 같아. 그래서 다시 일어날게." 그녀는 침대 가에 그와 함께 앉았다. 그녀는 또한 그가

"Do you really think so, Peter?"

"Yes, I do."

"I think it's perfectly sweet of you," she declared, "and I'll get up again", and she sat with him on the side of the bed. She also said she would give him a kiss if he liked, but Peter did not know what she meant, and he held out his hand expectantly.

"Surely you know what a kiss is?" she asked, aghast.

"I shall know when you give it to me," he replied stiffly; and not to hurt his feeling she gave him a thimble.

"Now," said he, "shall I give you a kiss?" and she replied with a slight primness, "If you please." She made herself rather cheap by inclining her face toward him, but he merely dropped an acorn button into her hand; so she slowly returned her face to where it had been before, and said nicely that she would wear his kiss on the chain round her neck. It was lucky that she did put it on that chain, for it was afterwards to save her life.

When people in our set are introduced, it is customary for them to ask each other's age, and so Wendy, who always liked to do the correct thing, asked Peter how old he was. It was not really a happy question to ask him; it was like an examination paper that asks grammar, when

---

declare: 단언하다, 소리치다 get up: 일어나다 expectantly: 기대하듯 aghast: 놀라 stiffly:갑갑하게 hurt: 해치다, 상하게 하다 thimble: 골무 primness: 새침뗌, 숙녀인 체하기 acorn: 도토리 save: 구하다 introduce: 소개하다 customary: 관습의, 습관의

원한다면 그에게 키스를 하겠노라고 했는데 피터는 그녀가 무슨 말을 하는지 몰랐기에 그의 손을 뻗었다.

"키스가 뭔지 확실히 아니?" 그녀가 놀라 물었다.

"네가 나에게 주면 알게 되겠지." 그가 갑갑하게 대답하였다. 그의 감정을 상하게 하지 않으려고 그녀는 그에게 골무 하나를 주었다.

"이제는 내가 키스해도 되니?" 그가 말하자 그녀가 약간 새침하게 말했다. "좋을 대로!" 그녀는 약간 천박하게 그에게 얼굴을 내밀었으나 그는 단지 도토리알 하나를 그녀의 손에 떨어뜨렸다. 그래서 그녀는 천천히 얼굴을 원래대로 돌렸으며 그의 키스를 목걸이에 차겠노라고 우아하게 말했다. 그녀가 도토리알을 목걸이에 찬 것은 행운이었다. 왜냐하면 그것이 나중에 그녀의 목숨을 구해 주게 되기 때문이다.

우리 방식으로는 사람들이 소개될 때에는 각자의 나이를 묻는 것이 관습이며, 그래서 매사에 꼼꼼한 웬디는 피터에게 몇 살인지를 물었다. 그것은 그에게 결코 유쾌한 질문이 아니었다. 그것은 당신이 영국 왕이 누구냐는 질문을 하는 시험지를 받고 싶을 때 문법을 묻는 시험지와 같은 것이었다.

"난, 몰라. 하지만 꽤 어려."

그가 불편하게 대답하였다. 그는 진짜로 나이를 몰랐다. 단지 추측만 할 뿐이었다. 그는 용기를 내서 말했다. "웬디, 난 태어나던 날 도망쳤어."

천박: 학문이나 생각이 낮음

what you want to be asked is Kings of England.

"I don't know," he replied uneasily, "but I am quite young." He really knew nothing about it; he had merely suspicions, but he said at a venture, "Wendy, I ran away the day I was born."

Wendy was quite surprised, but interested; and she indicated in the charming drawing-room manner, by a touch on hernight-gown, that he could sit nearer her.

"It was because I heard father and mother," he explained in a low voice, "talking about what I was to be when I became a man." He was extraordinarily agitated now. "I don't want ever to be a man," he said with passion. "I want always to be a little boy and to have fun. So I ran away to Kensington Gardens and lived a long long time among the fairies."

She gave him a look of the most intense admiration, and he thought it was because he had run away, but it was really because he-knew fairies. Wendy had lived such a home life that to know fairies struck her as quite delightful. She poured out questions about them, to his surprise, for they were rather a nuisance to him, getting in his way, and so on, and indeed he sometimes had to give them a hiding. Still, he liked them on the whole, and he told her

---

suspicion: 추측 indicate: 지시하다, 설명하다 extraordinarily: 과도하게, 평상시와는 달리, 이상하게 agitate: 선동하다, 들뜨다 passion:정열, 열정 intense: 강렬한, 강한 delightful: 즐거운 pour out: 쏟아 붓다 nuisance: 귀찮은 것, 존재 hiding:은닉처, 은신처 on the whole: 대체로

웬디는 몹시 놀랐지만 호기심이 생겼다. 그래서 그녀는 그녀의 나이트 가운을 매만지며 우아한 거실 매너로 그가 그녀 옆에 더 가까이 앉아도 좋다고 했다.

"그건 아버지와 어머니가 내가 어른이 되었을 때 무엇이 될 것인지를 이야기하는 것을 들었기 때문이야." 그가 작은 목소리로 설명하였다. 그는 지금 평상시와는 달리 들떠 있었다. "나는 결코 어른이 되고 싶지 않았어." 그가 열정적으로 말했다. "난 항상 어린이로 남아 놀고 싶어. 그래서 켄싱턴 가든으로 도망가서 요정들과 오랫동안 살았어."

그녀는 그를 매우 존경하는 빛으로 보았는데 그는 그것이 그가 도망을 쳤기 때문이라고 생각하였다. 그러나 실제는 그가 요정들을 알기 때문이었다. 웬디는 평범한 생활을 해 왔기 때문에 요정을 알게 된 것이 매우 즐거운 일이었다. 그녀는 요정들에 대해 질문을 쏟았는데 그는 그것에 놀랐다. 왜냐하면 그에게 있어서 요정들은 그의 여러 생활에 방해가 되고, 실제로 그들에게 때때로 숨을 곳을 마련해 주여야 하는등 귀찮은 존재였기 때문이다. 그렇지만 그는 대체로 그들을 좋아하는 편이어서 그녀에게 요정들의 탄생에 대해 말하였다.

"너도 알다시피 웬디, 첫아이가 처음으로 웃게 되면 그 웃음은 천 개의 조각으로 흩어져 모두 떠나는데 그것이 바로 요정의 시작이란다."

이것은 지루한 이야기지만 집에만 틀어박혀 지내던 그녀는

about the beginnings of fairies.

"You see, Wendy, when the first baby laughed for the first time, its laugh broke into a thousand pieces, and they all went skipping about, and that was the beginning of fairies."

Tedious talk this, but being a stay-at-home she liked it.

"And so," he went on good-naturedly, "there ought to be one fairy for every boy and girl."

"Ought to be? Isn't there?"

"No. You see children know such a lot now, they soon don't believe in fairies, and every time a child says, 'I don't believe in fairies,' there is a fairy somewhere that falls down dead."

Really, he thought they had now talked enough about fairies, and it struck him that Tinker Bell was keeping very quiet. "I can't think where she has gone to," he said, rising, and he called Tink by name. Wendy's heart went flutter with a sudden thrill.

"Peter," she cried, clutching him, "you don't mean to tell me that there is a fairy in this room!"

"She was here just now," he said a little impatiently. "You don't hear her, do you?" and they both listened.

"The only sound I hear," said Wendy, "is like a tinkle of

---

tedious: 우스꽝스러운 believe in: 믿다 fall down: 쓰러지다 clutch: 붙잡다
mean: 의미하다 impatiently: 성급하게, 조급하게 tinkle:딸랑거리는 소리

그것을 좋아하였다.

"그리고 모든 소년 소녀에게는 하나의 요정이 있어야 해." 그가 유쾌하게 계속 말했다.

"있어야만 한다고? 있는 게 아니라?"

"그래 너도 알다시피 아이들은 지금 너무 많이 알아. 그들은 곧 요정을 믿지 않을거고 아이들이 '나는 요정 따윈 안 믿어' 라고 할 때마다 어딘가에는 죽어 가는 요정이 있단다."

그는 정말로 그들이 요정에 대해 지금 많은 것들을 이야기하고 있다고 생각하였으며, 팅커벨이 너무 조용하다는 것을 깨달았다. "그녀가 어디로 갔는지 모르겠군." 그가 말하며 일어서서 팅크의 이름을 불렀다. 갑작스러운 설레임으로 웬디의 가슴은 두근거렸다.

"피터." 그를 붙잡으며 그녀가 소리쳤다.

"네 말은 지금 이 방안에 요정이 있다는 것은 아니겠지."

"그녀가 지금 여기 있단 말이야." 그가 약간 성급히 말하였다. "그녀가 말하는 것을 듣지 못했니?" 둘은 귀를 기울였다.

"종이 딸랑거리는 소리밖에 안 들리는데." 웬디가 말했다.

"그래, 그게 바로 팅크야. 그것이 요정의 언어야. 내 생각에도 그녀 소리를 들은 것 같아!"

그 소리는 서랍 상자에서 나고 있었으며 피터가 환하게 웃었다. 그 누구도 전에 피터 만큼 즐거운 것을 본 적이 없었을 것이며 가장 사랑스러운 것은 바로 피터의 웃음이었다. 그는 아

bells."

"Well, that's Tink, that's the fairy language. I think I hear her too."

The sound came from the chest of drawers, and Peter made a merry face. No one could ever look quite so merry as Peter, and the loveliest of gurgles was his laugh. He had his first laugh still.

"Wendy," he whispered gleefully, "I do believe I shut her up in the drawer!"

He let poor Tink out of the drawer, and she flew about the nursery screaming with fury. "You shouldn't say such things," Peter retorted. "Of course I'm very sorry, but how could I know you were in the drawer?"

Wendy was not listening to him. "O Peter," she cried, "if she would only stand still and let me see her!"

"They hardly ever stand still," he said, but for one moment Wendy saw the romantic figure come to rest on the cuckoo dock. "O the lovely!" she cried, though Tink's face was still distorted with passion.

"Tink," said Peter amiably, "this lady says she wishes you were her fairy."

Tinker Bell answered insolently.

"What does she say, Peter?"

---

merry: 즐거운 gurgle: (기뻐서)소리하다 gleefully: 유쾌하게 shut up:가두다 scream: 소리치다 fury:분노, 화냄 romantic: 환상적인 cuckoo: 뻐꾸기 distort: 화를 내다, 뾰로롱해 하다 amiably: 다정하게, 다감하게 insolently: 무례하게, 무뚝뚝하게

직도 웃고 있었다.

"웬디 내 생각엔, 내가 그녀를 서랍 속에 닫아 놓은 것 같아!" 그가 유쾌하게 속삭였다. 그가 불쌍한 팅크를 서랍에서 빠져나오게 하였으며 그녀는 불만의 소리를 지르며 아이들 방을 날아다녔다. "그런 말하면 못써." 피터가 말대꾸하였다. "물론 내가 잘못은 했지만 내가 어떻게 네가 서랍 속에 있다는 것을 알 수 있었겠니?"

웬디는 그의 말을 듣고 있지 않았다. "피터. 그녀를 가만히 있게 해서 그녀를 볼 수 있게 했으면." 그녀가 소리쳤다.

"그들은 거의 가만히 서 있지 않아." 그가 말했으나 한순간 웬디는 그 환상적인 존재가 뻐꾸기 시계 위에서 쉬는 것을 보았다. "오, 아름다워라." 라고 비록 아직도 팅크의 얼굴이 뽀로통해 있는데도 그녀가 소리쳤다.

"팅크, 이 숙녀가, 네가 그녀의 요정이기를 바라는구나!" 피터가 친근하게 말했다.

팅크가 무뚝뚝하게 대답하였다.

"그녀가 뭐라고 하니?"

그는 통역을 해야만 했다. "그녀는 정중하지 못해. 그녀가 말하길, 네가 몹시 못생겼고 자기는 나의 요정이래."

그는 팅크와 다투었다. "너는 네가 내 요정이 될 수 없다는 것을 모르니, 나는 남자고 너는 여자잖아!"

He had to translate. "She is not very polite. She says you are a great ugly girl, and that she is my fairy."

He tried to argue with Tink. "You know you can't be my fairy, Tink, because I am a gentleman and you are a lady."

To this Tink replied in these words, "You silly ass," and disappeared into the bathroom. "She is quite a common fairy," Peter explained apologetically; "she is called Tinker Bell because she mends the pots and kettles."

They were together in the armchair by this time, and Wendy plied him with more questions.

"If you don't live in Kensington Gardens now "

"Sometimes I do still."

"But where do you live mostly now?"

"With the lost boys."

"Who are they?"

"They are the children who fall out of their perambulators when the nurse is looking the other way. If they are not claimed in seven days they are sent far away to the Neverland to defray expenses. I'm captain."

"What fun it must be!"

"Yes," said cunning Peter, "but we are rather lonely. You see we have no female companionship."

"Are none of the others girls?"

---

translate:통역하다, 번역하다 ugly: 추한, 못생긴 silly ass: 바보, 멍청이 disappear: 사라지다 apologetically: 사과하듯 kettle: 주전자 perambulate: 유모차 cunning: 교활한, 현명한 defray:지불하다, 부담하다

팅크는 대답하였다. "이 바보야!" 그리고는 욕실로 사라졌다.

"그녀는 보통의 요정일 뿐이야!" 피터가 사과하듯 설명하였다. "그녀는 냄비와 주전자를 수선하기에 팅커벨이라고 불린단다."

그들은 그 때까지 안락의자에 함께 앉아 있었으며 웬디는 더 많은 질문으로 그를 성가시게 하였다.

"네가 지금은 켄싱턴 가든에 살지 않는다면?"

"지금도 때론 거기에 살아!"

"그렇지만 지금은 대부분 어디에서 사니?"

"길 잃은 소년들하고 살아."

"그들은 누군데?"

"그들은 유모가 다른 곳을 볼 때 유모차에서 떨어져 버린 아이들이야. 만약 그들이 7일 내에 되찾아지지 않으면 경비 지출을 위해 네버랜드로 보내진단다. 나는 그들의 대장이야."

"재미있겠는데."

"그래." 귀여운 피터가 말했다.

"그렇지만, 우리도 조금은 외로워. 너도 알다시피, 우린 여자친구가 없거든."

"다른 소녀들은 없니?"

"그래 없어, 너도 알다시피 여자들은 너무 똑똑해서 유모차에서 떨어지지 않는다고!"

이 말이 웬디를 기쁘게 하였다. "난 네가 소녀에 대해 얘기

"Oh no; girls, you know, are much too clever to fall out of their prams."

This flattered Wendy immensely. "I think," she said, "it is perfectly lovely the way you talk about girls; John there just despises us."

For reply Peter rose and kicked John out of bed, blankets and all; one kick. This seemed to Wendy rather forward for a first meeting, and she told him with spirit that he was not captain in her house.

However, John continued to sleep so placidly on the floor that she allowed him to remain there. "And I know you meant to be kind," she said, relenting, "so you may give me a kiss."

For the moment she had forgotten his ignorance about kisses. "I thought you would want it back," he said a little bitterly, and offered to return her the thimble.

"Oh dear," said the nice Wendy, "I don't mean a kiss, I mean a thimble."

"What's that?"

"It's like this." She kissed him.

"Funny!" said Peter gravely. "Now shall I give you a thimble?"

"If you wish to," said Wendy, keeping her head erect

---

flatter: 유쾌하게 하다 immensely: 매우, 과도하게 despise: 멸시하다, 무시하다, 조롱하다 placidly:유순하게 relenting:기꺼이, 상냥하게 thimble:골무

하는 방식이 매우 완벽하다고 생각해. 저기 존이 멸시할 정도로." 그녀는 말했다.

그 대답으로 피터는 일어나서 존을 침대 밖으로 걷어찼다. 이것은 웬디를 처음 만났던 때로 돌아가게 하였으며 그녀는 존에게 집에서는 그가 대장이 아니라고 명확하게 말하였다.

어쨌든 존은 바닥 위에서 계속 평온하게 잤기에 그녀는 그가 거기에 있도록 내버려두었다. "그리고 나는 네가 친절한 줄 알기 때문에 네가 나에게 키스를 해도 돼!" 라고 그녀가 상냥하게 말했다.

한동안 그녀는 키스에 대해 그가 무지하다는 것을 잊고 있었다. "내 생각엔 네가 그것을 도로 가져간 것 같은데." 그가 약간 씁쓰레하며 말하고는 그녀에게 골무를 되돌려 달라고 말하였다.

"어머, 참. 내가 키스를 말한 게 아니야, 나는 골무를 말했어." 웬디가 우아하게 말하였다.

"그게 뭔데?"

"이런 거야"

그녀가 그에게 키스를 하였다.

"우습군!"

피터가 심각하게 말했다.

"이제 내가 너에게 골무를 줘야 하니?"

"네가 원한다면!" 이번에는 그녀의 머리를 세운 채 웬디가

골무: 바느질할 때 손가락 끝에 끼는 물건

this time.

Peter thimbled her, and almost immediately she screeched. "What is it, Wendy?"

"It was exactly as if someone were pulling my hair."

"That must have been Tink. I never knew her so naughty before."

And indeed Tink was darting about again, using offensive language.

"She says she will do that to you, Wendy, every time I give you a thimble."

"But why?"

"Why, Tink?"

Again Tink replied, "You silly ass." Peter could not understand why, but Wendy understood; and she was just slightly disappointed when he admitted that he came to the nursery window not to see her but to listen to stories.

"You see, I don't know any stories. None of the lost boys know any stories."

"How perfectly awful," Wendy said.

"Do you know," Peter asked, "why swallows build in the eaves of houses? It is to listen to the stories. O Wendy, your mother was telling you such a lovely story."

"Which story was it?"

---

screech: 비명을 지르다, 날카로운 소리로 외치다 disappoint:실망하다, 낙담하다 awful:끔찍한, 무서운 swallow: 제비

말했다. 피터가 그녀에게 골무(키스)를 하였으며 거의 동시에 그녀가 비명을 질렀다. "왜 그러니 웬디?"

"누군가 내 머리를 끌어당기는 것 같아!"

"팅크임에 틀림없어, 전에는 그녀가 그렇게 도도한지를 몰랐는데."

정말로 팅크는 다시 공격적인 어투로 계속 쏘아 대고 있었다.

"그녀가 말하길 내가 너에게 골무를 할 때마다, 웬디 너에게 다시 그렇게 하겠다는구나"

"왜?"

"왜 그러니, 팅크?"

다시 팅크가 대답하였다. "이 바보야!" 피터는 왜 그러는지 이해할 수 없었지만 웬디는 이해하였다. 그녀는 그가 그녀를 보기 위해서가 아니라, 이야기를 듣고 싶어서 아이들방 창문에 왔다고 시인하자 약간 실망하였다.

"너도 알다시피, 나는 아무 이야기도 몰라. 길을 잃어버린 아이들도 몰라."

"정말 끔찍하군." 웬디가 말했다.

"너는 왜 제비들이 처마밑에 집을 짓는지 아니? 그것은 이야기를 듣기 위해서야. 웬디야, 너의 엄마는 너에게 매우 멋진 이야기를 해주잖아!" 라고 피터가 말했다.

"무슨 이야기?"

"About the prince who couldn't find the lady who wore the glass slipper."

"Peter," said Wendy excitedly, "that was Cinderella, and he found her, and they lived happy ever."

Peter was so glad that he rose from the floor, where they had been sitting, and hurried to the window. "Where are you going?" she cried with misgiving.

"To tell the other boys."

"Don't go, Peter," she entreated, "I know such lots of stories."

Those were her precise words, so there can be no denying that it was she who first tempted him.

He came back, and there was a greedy look in his eyes now which ought to have alarmed her, but did not.

"Oh, the stories I could tell to the boys!" she cried, and then Peter gripped her and began to draw her toward the window.

"Let me go!" she ordered him.

"Wendy, do come with me and tell the other boys."

Of course she was very pleased to be asked, but she said, "Oh dear, I can't. Think of mummy! Besides, I can't fly."

"I'll teach you."

---

misgiving: 의심, 걱정 with misgiving: 불안한 마음으로 grip: 손으로 꽉 잡다, 움켜잡다 mummy: 엄마

“유리 구두를 신고 있던 여자를 찾을 수 없었던 왕자에 대한 이야기말이야!”

“피터, 그 여자는 신데렐라야. 그는 그녀를 찾았고 그들은 후에 행복하게 살았어.” 웬디가 신이 나서 말했다.

피터는 너무 기뻐서 앉아 있던 마루에서 일어나 재빨리 창문으로 갔다. “어디로 가는 거니?” 그녀가 이상하게 생각하며 소리쳤다.

“다른 아이들에게 말해 주러!”

“가지 말아 피터! 나는 그런 많은 이야기들을 알고 있어.” 그녀가 간청하였다.

그것은 그녀에게 소중한 일이었으며 그래서 처음으로 그를 유혹한 것은 그녀라는 것을 부정할 수 없었다.

그는 되돌아 왔으며 그의 눈에는 지금 탐욕의 빛이 있었는데, 그것이 그녀를 놀라게 할 수도 있었지만 그렇진 않았다.

“오, 그 이야기들을 내가 소년들에게 할 수 있다면.” 그녀가 소리치자 피터가 그녀를 잡고 창문 가로 이끌었다.

“날 놔줘.” 그녀가 그에게 말했다.

“웬디 나와 함께 가서 다른 소년들에게 이야기해 줘!”

물론 그녀는 요청을 받고 기뻤으나, 그녀가 말했다. “하지만 난 갈 수 없어. 엄마를 생각해 봐. 게다가, 난 날 수도 없어!”

“내가 가르쳐 줄게.”

“오! 난다는 것은 얼마나 멋질까?”

"Oh, how lovely to fly."

"I'll teach you how to jump on the wind's back, and then away we go."

"Oo!" she exclaimed rapturously.

"Wendy, Wendy, when you are sleeping in your silly bed you might be flying about with me saying funny things to the stars."

"Oo!"

"And, Wendy, there are mermaids."

"Mermaids! With tails?"

"Such long tails."

"Oh," cried Wendy, "to see a mermaid!"

He had become frightfully cunning. "Wendy," he said, "how we should all respect you."

She was wriggling her body in distress. It was quite as if she were trying to remain on the nursery floor.

But he had no pity for her.

"Wendy," he said, the sly one, "you could tuck us in at night."

"Oo!"

"None of us has even been tucked in at night."

"Oo," and her arms went out to him.

"And you could darn our clothes, and make pockets for

---

rapturously: 기뻐서, 열광적으로 mermaid: 인어 wriggle: 꿈틀거리다, 요리조리 잘 빠져나가다 distress: 고뇌, 비통 darn: 꿰매다, 깁다, 바느질하다

"내가 너에게 바람안으로 어떻게 뛰어드는가를 가르쳐 줄게. 그러면 밖으로 나가자."

"오!" 그녀는 기뻐서 소리쳤다.

"웬디, 웬디. 네가 침대에서 자고 있을 때 너는 별들에게 재미있는 이야기를 하며 나와 함께 날아다닐 수 있을 거야!"

"아!"

"그리고 웬디, 인어들도 있어."

"인어! 꼬리도 있니?"

"매우 긴 꼬리가 있지!"

"오, 인어를 보고 싶어." 웬디가 소리쳤다.

그는 매우 교활해졌다. "웬디 우리는 너를 매우 존경할 거야." 그가 말했다.

그녀는 실망하여 몸을 움찔거리고 있었다. 그녀는 아이들방 마루에 남아 있고 싶어하는 것 같았다.

그러나 그는 그녀에게 동정심이 없었다.

"웬디, 너는 밤에 우리를 돌봐 줄 수 있어." 그가 교활한 말을 하였다.

"아."

"우리에겐 밤에는 그 누구도 돌봐 주는 이가 없었어."

"아." 그녀의 팔을 그에게 뻗었다.

"그리고 너는 우리 옷을 꿰매고, 주머니를 만들어 줄 수 있어. 우리는 주머니가 없어."

교활: 간사하고 교묘하게 잘 둘러댐

us. None of us has any pockets."

How could she resist. "Of course it's awfully fascinating!" she cried. "Peter, would you teach John and Michael to fly too?"

"If you like," he said indifferently; and she ran to John and Michael and shook them. "Wake up," she cried, "Peter Pan has come and he is to teach us to fly."

John rubbed his eyes. "Then I shall get up," he said. Of course he was on the floor already. "Hallo," he said, "I am up!"

Michael was up by this time also, looking as sharp as a knife with six blades and a saw, but Peter suddenly signed silence. Their faces assumed the awful craftiness of children listening for sounds from the grown-up world. All was as still as salt. Then everything was right. No, stop! Everything was wrong. Nana, who had been barking distressfully all the evening, was quiet now. It was her silence they had heard.

"Out with the light! Hide! Quick!" cried John, taking command for the only time throughout the whole adventure. And thus when Liza entered, holding Nana, the nursery seemed quite its old self, very dark; and you could have sworn you heard its three wicked inmates breathing

---

resist: 저항하다, 반대하다, 거스르다 indifferently: 무관심하게 blade: 칼날
saw: 톱, 톱질하다 craftiness: 교묘함, 간악함 inmate: 거주자, 동거인

그녀는 어찌할 수 없었다. "물론 그것은 흥미 있어." 그녀가 말했다. "피터, 존과 마이클에게도 나는 법을 가르쳐 주겠니?"

"너만 좋다면!" 그가 뜻밖이라는 듯이 말했다. 그녀는 존과 마이클에게 가서 그들을 흔들어 깨웠다. "일어나!" 그녀가 소리쳤다. "피터팬이 왔어. 그가 우리에게 나는 법을 가르쳐 준대."

존이 눈을 비볐다. "그러면 일어나야지." 그가 말했다. 물론, 그는 벌써 마루 위에 있었다. "안녕, 나 일어났어." 그가 말했다.

마이클도 그 즈음엔 일어났는데 여섯 개의 날과 톱을 가진 칼처럼 예리하게 보였다. 피터가 갑자기 조용히 하라는 신호를 보냈다. 어른들 세계에서 들려 오는 소리를 듣기 위해 귀를 기울이는 그들의 얼굴은 신중해 보였다. 모두가 노련한 뱃사공처럼 조용하였다. 그러자 모든 것이 괜찮아졌다. "아니야, 조용! 모든 게 엉망이야!" 저녁 내내 슬피 짖던 나나가 지금 매우 조용하다. 그들이 들은 것은 바로 나나의 침묵이었다.

"불을 꺼! 숨어! 빨리!" 전 모험을 통해 단 한 번뿐이었던 명령을 하며 존이 외쳤다. 그래서 나나를 데리고 리자가 들어왔을 때 아이들방은 옛날처럼 매우 어두웠다. 그리고 당신은 그 심술궂은 세 사람이 자는 것처럼 완전히 숨소리를 죽인 것을 알 수 있을 것이다. 그들은 창문 커튼 뒤에서 노련하게 숨을 죽이고 있었다.

노련: 익숙함

angelically as they slept. They were really doing it artfully from behind the window curtains.

"There, you suspicious brute," she said, not sorry that Nana was in disgrace, "they are perfectly safe, aren't they? Every one of the little angels sound asleep in bed. Listen to their gentle breathing."

Here Michael, encouraged by his success, breathed so loudly that they were nearly detected. Nana knew that kind of breathing, and she tried to drag herself out of Liza's clutches.

But Liza was dense. "No more of it, Nana," she said sternly, pulling her out of the room. "I warn you if you bark again I shall go straight for master and missus and bring them home from the party, and then, oh, won't master whip you, just."

She tied the unhappy dog up again, but do you think Nana ceased to bark? Bring master and missus home from the party! Why, that was just what she wanted. Do you think she cared whether she was whipped so long as her charges were safe? Unfortunately Liza returned to her puddings, and Nana, seeing that no help would come from her, strained and strained at the chain until at last she broke it. In another moment she had burst into the dining-

---

angelically: 천사같이, 완전무결하게 disgrace: 치욕, 망신거리 dense: 멍청한
sternly: 엄격하게 whip: 채찍질하다, 때리다

"저길 봐라, 이 의심 많은 짐승아!" 나나가 부끄러워하는 것에 대해 미안해하지도 않고 그녀가 말했다. "그들이 매우 안전하잖니. 작은 천사들이 모두 침대에서 잘 자고 있다. 그들의 잔잔한 숨소리를 들어봐."

그런데, 마이클이 그의 감쪽 같음에 고무되어 너무 크게 숨을 쉬는 바람에 그들의 위치가 거의 탄로날 뻔하였다. 나나는 그러한 종류의 숨소리에 대해 알고 있었기 때문에 리자의 손아귀에서 벗어나려고 하였다.

그러나 리자는 어리석었다. "그만해, 나나." 나나를 방 밖으로 끌어내며, 그녀가 엄하게 말하였다. "내가 경고하는데 네가 다시 짖으면 내가 바로 주인님에게 가서 그들을 파티에서 모셔오겠다. 그 때엔 주인님이 널 단지 때리기만 하지는 않을게다."

그녀가 불쌍한 개를 다시 묶었지만 여러분은 나나가 그만 짖을 것이라고 생각하는가? 파티에서 주인 부부를 데려온다고! 그게 바로 나나가 원하는 것이었다. 자기를 안전하게 보호하는 한 나나가 매를 맞는 것에 신경 쓰리라고 생각하는가? 불행하게도 리자는 푸딩 만드는 데로 되돌아갔으며, 그녀로부터는 어떤 도움도 올 수 없음을 알았다. 나나는 줄이 끊어질 때까지 잡아당겼고, 마침내 줄이 끊어졌다. 곧 바로, 나나는 27번가의 식당으로 들어가 그녀의 의사 전달의 주요 방법인 앞발을 위로 내저었다. 다링 부부는 그들의 아이들방에 어떤 끔찍한 일이 일어났음을 깨닫고, 즉시 주인에게 작별 인사도 없이 거리로

고무: 격려하여 기세를 돋움

room of 27 and flung up her paws to heaven, her most expressive way of making a communication. Mr. and Mrs. Darling knew at once that something terrible was happening in their nursery, and without a good-bye to their hostess they rushed into the street.

But it was now ten minutes since three scoundrels had been breathing behind the curtains; and Peter Pan can do a great deal in ten minutes.

We now return to the nursery.

"It's all right," John announced, emerging from his hiding-place. "I say, Peter, can you really fly?"

Instead of troubling to answer him Peter flew around the room, taking the mantelpiece on the way.

"How topping!" said John and Michael.

"How sweet!" cried Wendy.

"Yes, I'm sweet, oh, I am sweet!" said Peter, forgetting his manners again.

It looked delightfully easy, and they tried it first from the floor and then from- the beds, but they always went down instead of up.

"I say, how do you do it?" asked John, rubbing his knee. He was quite a practical boy.

"You just think lovely wonderful thoughts," Peter

---

paw: 팔 scoundrel: 악동, 장난꾸러기 mantelpiece: 벽난로, 선반

뛰쳐나왔다.

그러나 그것은 세 악동이 커튼 뒤에서 숨을 쉬었던 10분 후였으며 피터팬은 10분 안에 많은 것을 할 수 있었다.

우리는 이제 아이들방으로 되돌아간다.

"이제 괜찮아." 은신처에서 나오며 존이 말했다. "그런데, 피터 너 정말 날 수 있니?"

귀찮은 대답을 하는 대신 피터는 벽난로 선반을 들고 방을 날아다녔다.

"정말 대단한데." 존과 마이클이 말했다.

"멋지다." 웬디가 소리쳤다.

"그래 난 멋지지. 오, 나는 멋지다고!" 피터는 예절을 다시 잊은 채 말했다.

그것이 매우 쉬워 보였기에, 그들은 처음에는 마루 위에서, 다음엔 침대 위에서 따라 했으나, 그들은 위로 올라가지 않고 계속 밑으로 떨어졌다.

"그런데 그걸 어떻게 하는 거니?" 자신의 무릎을 비비며 존이 물었다. 그는 매우 현실적인 소년이었다.

"네가 단지 매우 멋진 생각만 하면 돼." 피터가 설명했다.

"그러면 그 생각들이 너를 공중 위로 들어올린단다."

그는 다시 그것을 보여주었다.

"네가 너무 빨라. 한번 더 천천히 해줄 수 없니?"

존이 말했다. 피터는 천천히 그리고 빨리 하였다.

explained, "and they lift you up in the air."

He showed them again.

"You're so nippy at it," John said; "couldn't you do it very slowly once?"

Peter did it both slowly and quickly. "I've got it now, Wendy!" cried John, but soon he found he had not. Not one of them could fly an inch, though even Michael was in words of two syllables, and Peter did not know A from Z.

Of course Peter had been trifling with them, for no one can fly unless the fairy dust has been blown on him. Fortunately, as we have mentioned, one of his hands was messy with it, and he blew some on each of them, with the most superb results.

"Now just wriggle your shoulders this way," he said, "and let go."

They were all on their beds, and gallant Michael let go first. He did not quite mean to let go, but he did it, and immediately he was borne across the room.

"I flewed!" he screamed while still in mid-air.

John let go and met Wendy near the bathroom. "Oh, lovely!"

"Oh, ripping!"

---

nippy: 재빠른 syllable: 음절 superb: 멋진, 뛰어난 gallant: 용감한

"이제 알았어, 웬디." 존이 소리쳤지만 곧바로 그는 알지 못했음을 알았다. 피터는 알파벳도 몰랐지만, 마이클의 경우에는 두 음절 단어들을 말하고 있음에도 그들 중 누구도 1인치도 날 수 없었다.

요정 가루가 뿌려지지 않으면 아무도 날 수 없었기 때문에 물론 피터는 그들에게 시간을 낭비하고 있었다. 다행히도 우리가 언급했듯이 피터의 한 손은 요정 가루로 지저분하였는데 그는 지금 그들 모두에게 요정가루를 약간씩 불어 주었는데, 매우 멋진 결과를 가져 왔다.

"이제 이런 식으로 너희 어깨를 흔들어 봐, 가자!" 그가 말했다.

그들은 모두 침대 위에 있었으며 용감한 마이클이 처음으로 날았다. 그는 완전히 날고자 했던 것은 아니었지만, 그렇게 했으며 즉시 그는 방을 가로지르며 날 수 있었다.

"내가 날았다!" 공중에 뜬 채 그가 소리쳤다. 존도 시도하여 욕실 근처에서 웬디와 만났다. "오, 멋진데!"

"오, 훌륭하군!"

"날 봐!"

"나 좀 봐!"

"나도 봐!"

그들은 피터만큼 우아하지 못했으며 약간씩 발이 부딪히는 것을 피할 수 없었고, 그들의 머리가 벽에 가볍게 부딪히는 것

"Look at me!"

"Look at me!"

"Look at me!"

They were not nearly so elegant as Peter, they could not help kicking a little, but their heads were bobbing against the ceiling, and there is almost nothing so delicious as that. Peter gave Wendy a hand at first, but had to desist, Tink was so indignant.

Up and down they went, and round and round. Heavenly was Wendy's word.

"I say," cried John, "why shouldn't we all go out?"

Of course it was to this that Peter had been luring them.

Michael was ready: he wanted to see how long it took him to do a billion miles. But Wendy hesitated.

"Mermaids!" said Peter again.

"Oo!"

"And there are pirates."

"Pirates," cried John, seizing his Sunday hat, "let us go at once."

It was just at this moment that Mr. and Mrs. Darling hurried with Nana out of 27. They ran into the middle of the street to look up at the nursery window; and, yes, it was still shut, but the room was ablaze with light, and

---

desist: 멈칫거리다 indignant: 불쾌한 billion: 영국에서는 1조, 미국에서는 10억 seize: 잡다 ablaze: 밝은, 환한

도 피할 수 없었지만, 그것만큼 재미있는 것은 없었다. 피터가 잠깐 멈칫했지만, 웬디에게 처음으로 손을 내밀었고, 팅크가 그 것을 보고 매우 불쾌해 하였다.

그들은 위아래로 빙글빙글 돌아다녔다. 웬디는 계속 멋지다고 했다.

"그런데, 우리 밖으로 나가는 게 어때?" 존이 외쳤다.

물론 피터가 그들을 꼬인 것도 이 때문이었다. 마이클은 준비가 되었다. 그는 1조 마일을 가는데 시간이 얼마나 걸리는지 알고 싶었다. 그러나 웬디는 머뭇거렸다.

"인어들." 피터가 다시 말했다.

"아!"

"해적도 있어!"

"해적이라고?" 존이 나들이 모자를 집으며 말했다. "즉시 가자."

다링 부부가 나나와 함께 27번가에서 급하게 오던 것이 바로 이 순간이었다. 그들은 아이들방의 창문을 보기 위해 길 가운데로 달렸다. 창문은 아직도 닫혀 있었지만, 방은 불빛으로 환했으며, 더욱 가슴 졸이게도, 그들은 잠옷을 입고 마루 위가 아닌 공중에서 빙빙 돌고 있는 세 아이들의 그림자를 볼 수 있었다.

셋이 아니라 넷이었다.

당황해 하면서 그들은 출입문을 열었다. 다링 부인이 조용히

most heart-gripping sight of all, they could see in shadow on the curtain three little figures in night attire circling round and round, not on the floor but in the air.

Not three figures, four!

In a tremble they opened the street door. Mr. Darling would have rushed upstairs, but Mrs. Darling signed to him to go softly. She even tried to make her heart go softly.

Will they reach the nursery in time? If so, how delightful for them, and we shall all breathe a sigh of relief, but there will be no story. On the other hand, if they are not in time, I solemnly promise that it will all come right in the end.

They would have reached the nursery in time had it not been that the little stars were watching them. Once again the stars blew the window open, and that smallest star of all called out:

"Cave, Peter!"

Then Peter knew that there was not a moment to lose. "Come," he cried imperiously, and soared out at once into the night, followed by John and Michael and Wendy.

Mr. and Mrs. Darling and Nana rushed into the nursery too late. The birds were flown.

---

attire: 차려입다 relief: 안심, 경감, 구원 solemnly: 진지하게, 장엄하게
cave: 동굴 imperiously: 절박하게 soar: 높이 날다, 날아오르다

올라가라고 하지 않았다면 다링 씨는 이층으로 뛰어올라 갔을 것이다. 그녀는 뛰는 가슴을 가라앉히려고 하였다.

그들이 제 시간 내에 아이들방에 도착할 수 있을까? 그렇게 되면 그들에게는 매우 기쁜 일일 것이고 우리 모두도 안도의 한숨을 내쉬겠지만 이야기가 되지는 않을 것이다.

반면에 그들이 제 때에 도착하지 못한다 하더라도 모든 것이 괜찮을 것이라고 나는 단언하다. 그들을 주시하고 있던 작은 별만 없었더라면 그들은 아이들방에 제 시간에 도착했을 것이다. 다시 한번 별들이 창문을 열어 젖혔고 가장 작은 별이 소리쳤다.

"조심해 피터!"

그러자 피터는 머뭇거릴 시간이 없음을 알았다.

"이리 와" 그가 절박하게 소리치며 밤하늘로 즉시 날아올랐으며, 존과 마이클, 웬디가 뒤를 따랐다.

다링 부부와 나나는 너무 늦게 아이들방으로 들어왔다. 아이들은 새처럼 날아가 버렸다.

절박: 바싹 닥쳐서 몹시 급함

CHAPTER 4

The Flight

SECOND to the right, and straight on till morning."

That, Peter had told Wendy, was the way to the Neverland; but even birds, carrying maps and consulting them at windy corners, could not have sighted it with these instructions.

Not so long ago. But how long ago? They were flying over the sea before this thought began to disturb Wendy seriously. John thought it was their second sea and their third night.

Sometimes it was dark and sometimes light, and now they were very cold and again too warm. Certainly they did not pretend to be sleepy, they were sleepy; and that was a danger, for the moment they popped off, down they fell The awful thing was that Peter thought this funny.

"There he goes again!" he would cry gleefully, as Michael suddenly dropped like a stone.

"Save him, save him!" cried Wendy, looking with horror at the cruel sea far below. Eventually Peter would dive through the air, and catch Michael just before he could

---

consult: 상의하다, 참조하다 disturb: 방해하다 pretend: ~인 척하다 pop off: 갑자기 움직이다, 갑자기 걷기 시작하다 gleefully: 즐겁게, 기쁘게

제 4 장
비행

"오른 쪽으로 두 번째 길로 아침이 될 때까지 곧장 가면 돼."
이 말은 피터가 웬디에게 네버랜드에 가는 길을 가르쳐 줄 때 한 말이다. 그러나 지도를 가지고 바람에 물어보는 새조차도 이러한 것만으로는 그것을 찾았을 수 없을 것이었다.
얼마 있지 않아 바다를 날고 있을 때 "얼마나 됐지?" 라는 생각이 웬디를 심각하게 괴롭히기 시작했다. 존은 그곳이 그들이 두 번째 항해하는 바다였고, 그것이 그들의 세 번째 밤이라는 것을 알고 있었다.
때로는 어두웠고 어떤 때는 밝았다. 그리고 지금 그들은 매우 추웠고 그리고 또다시 매우 따뜻해졌다. 그들은 즐거웠기 때문에 잠이 안 왔고 잠자는 것은 그들이 튕겨져 나가 밑으로 떨어질 수 있는 순간이었기 때문에 위험 천만한 일이었다. 더욱 끔직한 일은 피터가 이 일을 재미있게 생각했기 때문이다. 마이클이 갑자기 돌처럼 떨어지자
"그가 다시 거기에 간다." 라며 즐겁게 소리쳤다.
"그를 구해 줘, 그를 구해 줘!" 저 밑에 쪽의 거친 바다를 두려움에 찬 시선으로 바라보며 웬디가 소리쳤다. 마침내 피터가 하늘에서 멋지게 유영하며, 마이클이 바닷물에 닿기 직전에 그를 잡아챘다. 그가 그 일을 한 방식은 아주 훌륭했는데, 그는 항상 최후의 순간까지 기다리는 버릇이 있었다. 여러분이 알다시피, 그에게 흥미로운 것은 그의 영악함이지, 인간 생명을 구

유영: 헤엄침
영악: 모질고 악착스러움

strike the sea, and it was lovely the way he did it; but he always waited till the last moment, and you felt it was his cleverness that interested him and not the saving of human life. Also he was fond of variety, and the sport that engrossed him one moment would suddenly cease to engage him, so there was always the possibility that the next time you fell he would let you go.

He could sleep in the air without falling, by merely lying on his back and floating, but this was, partly at least, because he was so light that if you got behind him and blew he went faster.

So with occasional tiffs, but on the whole rollicking, they drew near the Neverland; for after many moons they did reach it, and, what is more, they had been going pretty straight all the time, not perhaps so much owing to the guidance of Peter or Tink as because the island was out looking for them. It is only thus that any one may sight those magic shores.

"There it is," said Peter calmly.

"Where, where?"

"Where all the arrows are pointing."

Indeed a million golden arrows were pointing out the island to the children, all directed by their friend the sun,

---

be fond of: ~을 좋아하다 engross: 열광시키다, 몰입시키다 at least: 적어도
tiff: 사소한 말다툼 rollick: 까불고 장난치다

하는 것이 아니다. 또한 그는 다양성과 변화를 좋아했다. 그리고 그는 한순간 그를 몰입시켰던 스포츠를 갑자기 그만두기도 한다. 그래서 거기에는 항상 다음 번에 피터가 여러분도 놓아버릴 수 있다는 가능성이 있는 것이다.

그는 단지 누워 떠다니면서 하늘에서 떨어지지 않고 잠을 잘 수 있었다. 그러나 이것은 거의 없는 일이고 만약 여러분이 그를 뒤에서 붙잡으려고 한다면 그는 너무나 가벼워서 더 빨리 날아가 버릴 것이다.

때로는 말다툼을 하면서, 그러나 대체적으로는 까불고 장난치면서 그들은 네버랜드 근처까지 갔다. 며칠 밤이 지난 후에 그들은 정말로 거기에 도착했고 특이한 사실은 그들이 줄곧 똑바른 방향으로 날아왔는데, 그것은 피터나 팅크가 길을 가르쳐 주어서가 아니라 섬이 그들에게 그렇게 보였기 때문이다.

"저기 있군." 피터가 조용히 말했다.

"어디, 어디?"

"모든 화살들이 겨누고 있는 곳."

정말로 수많은 금화살들이 섬으로부터 아이들에게 겨누어져 있었다. 그 화살들은 밤 동안에 그들이 떠나기 전에, 그들의 길을 확신하기를 염원했던 그들의 친구인 태양을 향해 겨누어져 있었다.

웬디와 존과 마이클은 섬을 보기 위해 공중에서 발끝으로 서 있었다. 이상한 말이지만, 그들은 모두 그 섬을 보자마자 알아보았고, 그들 마음에 두려움이 스며들 때까지 환호성을 질렀다. 그러나 그 환호성은 오랫동안 꿈꾸어 오다가 마침내 발견한 기쁨에서가 아니라, 그들이 한동안 휴가를 보내고 귀향한, 집에서

몰입: 어떤 데에 빠짐

who wanted them to be sure of their way before leaving them for the night.

Wendy and John and Michael stood on tiptoe in the air to get their first sight of the island. Strange to say, they all recognised it at once, and until fear fell upon them they hailed it, not as something long dreamt of and seen at last, but as a familiar friend to whom they were returning home for the holidays.

"John, there's the lagoon."

"Wendy, look at the turtles burying their eggs in the sand."

"I say, John, I see your flamingo with the broken leg."

"Look, Michael, there's your cave."

"John, what's that in the brushwood?"

"It's a wolf with her whelps. Wendy, I do believe that's your little whelp."

"There's my boat, John, with her sides stove in."

"No, it isn't. Why, we burned your boat."

"That's her, at any rate. I say, John, I see the smoke of the redskin camp."

"Where? Show me, and I'll tell you by the way the smoke curls whether they are on the war-path."

"There, just across the Mysterious River."

---

hail: 환호성을 지르다 turtle:거북이 brushwood:덤불 나무 whelp: 새끼
redskin: 경멸

나 느낄 수 있는 친근한 가족을 느꼈기 때문이었다.
"존, 섬이 저기 있어."
"웬디, 모래에 알을 묻고 있는 거북이들 좀 봐."
"존, 나는 부상당한 다리를 하고 있는 플라밍고를 보고 있어."
"봐, 마이클 저기 너의 동굴이 있어."
"존, 덤불 나무 안에 있는 게 뭐지?"
"그건 새끼가 있는 늑대야, 웬디."
"나는 정말로 너의 작은 새끼 늑대를 믿어."
"저기 나의 보트가 있어. 존, 그리고 그 옆에 난로가 있어."
"아니야, 도대체 어떻게 된 일이지 우리는 너의 보트를 불에 태웠단 말이야."
"어쨌든 저게 그거야."
"나는 인디언 움막에서 나오는 연기를 보고 있어."
"어디, 어디 봐."
"너에게 인디언들이 전쟁 상황에서 연기를 어떻게 피우는지 얘기해 줄게."
"저기, 신비의 강 저편에서,"
"이제 보이는 군, 그래. 그것을 보니 전쟁 상황인 것 같군."
피터는 이러한 것들을 많이 알고 조금은 화났다. 그러나 만약 그가 그들을 지배하고자 한다면 승리는 그의 손안에 있었다. 내가 여러분들에게 그들에게 조만간 닥쳐올 두려움에 대해서 얘기를 안 했던가?
시간은 쏜살같이 지나가고 섬에는 어둠이 찾아왔다. 예전에 네버랜드의 집에서는 잠자리에 들 때까지 항상 어둠과 위협의

"I see now. Yes, they are on the war-path right enough."

Peter was a little annoyed with them for knowing so much; but if he wanted to lord it over them his triumph was at hand, for have I not told you that anon fear fell upon them?

It came as the arrows went, leaving the island in gloom.

In the old days at home the Neverland had always begun to look a little dark and threatening by bedtime. Then unexplored patches arose in it and spread; black shadows moved about in them; the roar of the beasts of prey was quite different now, and above all, you lost the certainty that you would win. You were quite glad that the night-lights were in. You even liked Nana to say that this was just the mantelpiece over here, and that the Neverland was all make-believe.

"They don't want us to land," he explained.

"Who are they?" Wendy whispered, shuddering.

But he could not or would not say. Tinker Bell had been asleep on his shoulder, but now he wakened her and sent her on in front.

Sometimes he poised himself in the air, listening intently with his hand to his ear, and again he would stare down with eyes so bright that they seemed to bore two holes to

---

anon: 조만간, 곧 patch: 길, 통로 tingle: 흥분하다, 진동하다 horrid: 무서운, 지긋지긋한 poise: 멈추다, 정지하다

대상들을 바라보았었다. 그러면 미지의 길들이 생겨나고 검은 그림자들이 그 길 여기저기로 움직여 다녔다. 먹이를 찾는 짐승들의 포효 소리는 매우 다양하다. 무엇보다도 여러분들은 그것들과의 싸움에서 이기리라는 확신을 잃게 된다. 여러분들은 야간 조명등이 켜진 사실에 대해 매우 기뻐할 것이다. 여러분들은 심지어 나나가 이것은 벽난로 선반이다고 말하는 것을 좋아할 것이다. 네버랜드는 모두 가상의 현실이다. 물론 네버랜드는 그 당시에는 가상의 섬이었다. 그러나 그것은 이제 매우 사실적인 것이 되었다.

"그들은 우리가 착륙하는 것을 원하지 않는 것 같아." 피터가 말했다.

"그들이 누군데?" 웬디가 떨면서 속삭였다.

그러나 그는 말할 수도 없었고, 말하려고도 하지 않았다. 팅커벨은 계속 그의 어깨에서 잠자고 있었지만, 이제 피터가 그녀를 깨워서 앞쪽으로 보냈다.

때때로 그는 공중에서 평형을 유지하고 귓가에 손을 대고 열심히 무엇을 들었다. 그는 또다시 그의 두 눈으로 아래쪽을 주시하였는데, 그 모습이 꼭 땅에 두 개의 구멍을 내려고 하는 것 같았다. 이런 행동을 마친 후 그는 다시 전진하였다. 그의 용기는 매우 대단했다.

"너는 모험을 하고 싶니? 아니면, 우선 차를 한잔하고 싶니?" 그는 존에게 평상시와 다름없이 물었다.

웬디가 "차를 먼저 먹을래." 하고 재빠르게 대답하였고 마이클이 감사의 표시로 그녀의 손을 꼭 잡았다. 그러나 좀더 용감한 존은 잠시 주저하며 생각하였다.

포효: 사나운 짐승이 으르렁 거림

earth. Having done these things, he went on again.

His courage was almost appalling. "Do you want an adventure now," he said casually to John, "or would you like to have your tea first?"

Wendy said "tea first" quickly, and Michael pressed her hand in gratitude, but the braver John hesitated.

"What kind of adventure?" he asked cautiously. "There's a pirate asleep in the pampas just beneath us," Peter told him. "If you like, we'll go down and kill him."

"I don't see him," John said after a long pause. "I do."

"Suppose," John said a little huskily, "he were to wake up."

Peter spoke indignantly. "You don't think I would kill him while he was sleeping! I would wake him first, and then kill him. That's the way I always do."

"I say! Do you kill many?"

"Tons."

John said "how ripping," but decided to have tea first. He asked if there were many pirates on the island just now, and Peter said he had never known so many.

"Who is captain now?"

"Hook," answered Peter; and his face became very stern as he said that hated word.

---

appalling: 심한, 섬뜩하게 하는 hesitate: 주저하다, 망설이다 cautiously:조심스럽게 pampas: 대초원 huskily: 쉰 목소리로 indignantly:분개한, 분연한

"무슨 모험?" 그가 조심스럽게 물어보았다. "우리들 바로 밑 풀밭에서 한 해적이 잠자고 있어." 피터가 그에게 말했다. "너만 좋다면 같이 내려가서 그를 없애 버리자."

"그를 보고 싶진 않아." 긴 침묵 끝에 존이 말했다. "나도 마찬가지야."

"만약 그가 깨어나면." 존이 약간 쉰 목소리로 말했다.

"너는 내가 그가 잠자고 있는 동안에 그를 죽일 거라고 생각하는 거니?" 피터가 화가 나서 말했다. "나는 먼저 그를 깨울 거야. 그리고 나서 그를 없애 버릴 거야. 그게 내가 늘 하는 방식이지."

"너는 많은 사람들을 죽이니?"

"그럼 물론이지."

"멋지군"

존이 말했다. 그러나 존은 먼저 차를 먹기로 결심했다. 그는 지금 섬에 얼마나 많은 해적들이 있는지를 물어보았다. 피터는 이제껏 이렇게 많은 해적들은 본 적이 없다고 말했다.

"누가 대장인데?"

"후크." 피터가 대답했고, 그러자 아주 증오하는 이름을 부른 것처럼 그의 얼굴이 굳어졌다.

"제임스 후크!"

"그래."

그러자 마이클이 정말로 울기 시작했고, 심지어 존도 목구멍으로 침만 꿀꺽꿀꺽 삼켰다. 왜냐하면 그들도 이미 후크의 평판은 익히 들어왔기 때문이다.

"Jas. Hook?"

"Ay."

Then indeed Michael began to cry, and even John could speak in gulps only, for they knew Hook's reputation.

"He was Blackbeard's bo'sun," John whispered huskily. "He is the worst of them all. He is the only man of whom Barbecue was afraid."

"That's him," said Peter.

"What is he like? Is he big?"

"He is not so big as he was."

"How do you mean?"

"I cut off a bit of him."

"You!"

"Yes, me," said Peter sharply.

"I wasn't meaning to be disrespectful."

"Oh, all right."

"But, I say, what bit?"

"His right hand."

"Then he can't fight now?"

"Oh, can't he just!"

"Left hand?"

"He has an iron hook instead of a right hand, and he claws with it."

---

gulp: 침을 삼킴, 꿀꺽 소리 disrespectful: 무시하는, 경멸하는 claw: 할퀴다

"그는 검은 수염 해적단의 갑판장이었어." 존이 쉰 목소리로 속삭였다. "그는 그들 중 가장 악독한 사람이야. 그는 바베큐가 두려워하는 유일한 사람이지."

"맞아 바로 그 사람이야." 피터가 말했다.

"그는 어떻게 생겼니? 키가 크니?"

"예전의 그만큼 크지는 않아"

"그게 무슨 소리야?"

"내가 그를 약간 잘라 버렸거든."

"네가!"

"그래 내가" 피터가 또박또박 말했다.

"좋지 않은 뜻으로 물은 건 아니었어."

"그래 괜찮아."

"어디를 어느 만큼 잘랐는데?"

"그의 오른손."

"그렇다면 그는 지금 싸우지 못하겠네."

"그렇지 않아."

"왼손으로 싸우니?"

"그는 오른손 대신에 쇠로 된 갈고리를 달았어. 그리고 그걸로 할퀴지."

"할퀸다고?"

"존." 피터가 말했다.

"그래 말해 봐"

"이렇게 말해 봐. '예, 예, 대장님!'"

"예, 예, 대장님!"

"이것이 내 밑에 있는 부하 소년들이 나에게 부르도록 되어

"Claws!"

"I say, John," said Peter.

"Yes."

"Say, 'Ay, ay, sir'"

"Ay, ay, sir."

"There is one thing," Peter continued, "that every boy who serves under me has to promise, and so must you."

John paled.

"It is this, if we meet Hook in open fight, you must leave him to me."

"I promise," John said loyally.

For the moment they were feeling less eerie, because Tink was flying with them, and in her light they could distinguish each other. Unfortunately she could not fly so slowly as they, and so she had to go round and round them in a circle in which they moved as in a halo. Wendy quite liked it, until Peter pointed out the drawback.

"She tells me," he said, "that the pirates sighted us before the darkness came, and got Long Tom out."

"The big gun?"

"Yes. And of course they must see her light, and if they guess we are near it they are sure to let fly."

"Wendy!"

---

pale: 창백해지다 eerie: 불안한, 흔들리는 halo: 불빛 drawback: 결점, 약점, 장애

있는 소리야, 그리고 너도 꼭 이렇게 나를 불러야 하고." 피터가 계속해서 말했다.

존의 얼굴색이 창백해졌다.

"그리고 만약 전장에서 후크를 만난다면 너는 후크를 나에게 맡겨야 해 알았지?"

"약속할게," 존이 충성스럽게 말했다.

한동안 그들은 다소 안정된 모습을 되찾았다. 이유는 팅크가 그들과 같이 날면서 그녀가 발산하는 빛이 서로를 구분할 수 있게 하였기 때문이다. 불행하게도 그녀는 그들처럼 천천히 날 수가 없었기 때문에 그녀는 계속해서 주위를 맴돌아야만 했으며, 그들이 빛을 보고 잘 날 수 있도록 원을 만들며 그들 주위를 맴돌았다. 웬디는 피터가 중지시킬 때까지는, 팅크의 그 불빛을 매우 좋아했다.

피터가 말했다. "그녀가 나에게 해적들은 어둠이 오기 전부터 우리를 주시하다가 장총을 꺼냈다고 말했어."

"장총을!"

"그래, 물론 그들은 팅크의 빛을 봤겠지." "만약 그들이 우리가 근처에 있다고 생각한다면 그들은 틀림없이 쏠 거야."

"웬디!"

"존!"

"마이클!"

"그녀에게 즉시 사라지라고 해, 피터!" 세 명은 동시에 소리쳤다. 그러나 피터는 거부했다.

"그녀는 우리가 길을 잃었다고 생각해." 그가 강경하게 말했다. "그리고 그녀는 좀 겁을 먹었어. 너희는 내가 그녀가 겁먹

"John!"

"Michael!"

"Tell her to go away at once, Peter," the three cried simultaneously, but he refused.

"She thinks we have lost the way," he replied stiffly, "and she is rather frightened. You don't think I would send her away all by herself when she is frightened!"

For a moment the circle of light was broken, and something gave Peter a loving little pinch.

"Then tell her," Wendy begged, "to put out her light."

"She can't put it out. That is about the only thing fairies can't do. It just goes out of itself when she falls asleep, same as the stars."

"Then tell her to sleep at once," John almost ordered.

"She can't sleep except when she's sleepy. It is the only other thing fairies can't do."

"Seems to me," growled John, "these are the only two things worth doing."

Here he got a pinch, but not a loving one.

"If only one of us had a pocket," Peter said, "we could carry her in it." However, they had set off in such a hurry that there was not a pocket between the four of them.

He had a happy idea. John's hat!

---

simultaneously: 자동적으로, 자신도 모르게 stiffly: 강경하게, 고집스럽게
pinch: 꼬집다, 꼬집음 growl: 투덜거리다, 으르렁거리다

고 무서워하고 있는데, 그녀 혼자 사라지라고 말할 거라고 생각하지는 않겠지."

한순간 원을 그리던 빛이 없어졌다. 그리고 무언가가 피터를 사랑스럽게 꼬집고 지나갔다.

"그렇다면 그녀에게 불빛을 끄라고 해." 웬디가 간청했다.

"그녀는 불빛을 끌 수가 없어. 그런 일은 요정이 할 수 없는 유일한 종류의 일이지. 그 빛은 별들처럼 그녀가 잠들 때나 되서야 자신도 모르게 사라지지."

"그렇다면 그녀에게 당장 자라고 해." 존이 거의 명령조로 말했다.

"그녀는 졸릴 때 빼놓고는 잠을 잘 수가 없어. 그런 일 또한 요정들이 할 수 없는 유일한 일이야."

"내가 보기에는 그 두 가지 일이야말로 정말 해야 할 가치가 있는 것들인데." 존이 투덜거리며 말했다.

여기서 그는 한번 꼬집혔는데, 아까 피터의 경우처럼 사랑스러운 꼬집힘이 아니었다.

"만약 우리들 중에 호주머니를 갖고 있는 사람이 있다면 우리는 그녀를 그 속에다 넣고 다닐 수 있을거야." 피터가 말했다. 그러나 그들이 서둘러 자신들의 몸을 뒤져봤지만, 네 명 중에 그 누구도 호주머니를 갖고 있지 않았다. 그에게 좋은 생각이 떠올랐다. 존의 모자!

팅크도 만약 모자를 손으로 운반한다면 그 안에서 있겠다고 동의했다.

"아무 소리라도 났으면!" 그가 말했다.

마치 그의 요청에 응답하기라도 하듯, 공중에서 이제껏 들었

Tink agreed to travel by hat if it was carried in the hand.

"If only something would make a sound!" he cried.

As if in answer to his request, the air was rent by the most tremendous crash he had ever heard. The pirates had fired Long Tom at them.

The roar of it echoed through the mountains, and the echoes seemed to cry savagely, "Where are they, where are they, where are they?"

Thus sharply did the terrified three learn the difference between an island of make-believe and the same island come true.

When at last the heavens were steady again, John and Michael found themselves alone in the darkness. John was treading the air mechanically, and Michael without knowing how to float was floating.

"Are you shot?" John whispered tremulously.

"I haven't tried yet," Michael whispered back.

We know now that no one had been hit. Peter however, had been carried by the wind of the shot far out to sea, while Wendy was blown upwards with no companion but Tinker Bell.

It would have been well for Wendy if at that moment she had dropped the hat. At present she was full of jeal-

---

roar: 노, 젓는 배, 보트 come true: 실현되다 tremulously: 떨면서, 전율하며
companion: 동료, 동행 jealousy: 질투, 시샘

던 소리 중에서 가장 무시무시한 쾅 소리가 났다. 해적들이 그들에게 장총을 발사한 것이었다.

그 총소리가 온 산에 메아리 쳤고 그 메아리는 다음과 같이 음산하게 소리치는 것 같았다. "그들이 어디에 있니? 그들이 어디 있니?"

이리하여 겁에 질린 세 소년들은 가상의 섬과 현실로 드러나는 섬 사이의 차이를 확실히 깨닫게 되었다.

결국 하늘이 다시 평정을 되찾았을 때, 존과 마이클은 그들이 어둠 속에서 외로이 떠 있다는 것을 깨닫게 되었다. 존은 경직된 동작으로 공중을 밟고 다녔고, 마이클은 나는 법을 잊어버린 채, 이리저리 우왕좌왕 하고 있었다.

"너 맞았니?" 존이 떨면서 속삭였다.

"아직까진 괜찮아." 마이클이 속삭이듯 대답했다.

우리는 이제 그 누구도 총에 맞지 않았음을 알게 되었다. 그러나 피터는 총탄의 바람에 휩쓸려 멀리 바다까지 날아가 버렸다. 반면에, 웬디는 모자 속에 있는 팅커벨만을 데리고 위쪽으로 날아올라 갔다. 만약 그 순간 모자를 놓쳐 버렸다면 웬디에겐 잘된 일이었을 텐데!

현재 그녀는 웬디에 대한 시기심으로 가득차 있었다. 물론 팅크가 그녀의 귀여운 딸랑거림 속에서 말하는 것들을 웬디가 이해할 수는 없었다. 그리고 나는 그것 중의 상당수가 욕이었다고 믿지만, 그것은 웬디에게 친절한 말처럼 들렸다. 그녀는 웬디의 앞뒤로 날아다녔고, 다음과 같은 평범한 말들을 하는 것 같았다.

평정: 평온하고 고요함

could not of course understand, and I believe some of it was bad words, but it sounded kind, and she flew back and forward, plainly meaning "Follow me, and all will be well."

What else could poor Wendy do? She called to Peter and John and Michael, and got only mocking echoes in reply. She did not yet know that Tink hated her with the fierce hatred of a very woman. And so, bewildered, and now staggering in her flight, she followed Tink to her doom.

CHAPTER 5

The Island Come True

FEELING that Peter was on his way back, the Neverland had again woke into life.

In his absence things are usually quiet on the island. The fairies take an hour longer in the morning, the beasts attend to their young, the redskins feed heavily for six days and nights, and when pirates and lost boys meet they merely bite their thumbs at each other. But with the coming of Peter, who hates lethargy, they are under way again.

---

mock:조롱하다, 비웃다. bewildered:당황한 staggering:비틀거리는 thumb: 엄지손가락 lethargy:무기력, 무감각

"나를 따라와 그러면. 모든 게 괜찮아질 거야."

가엾은 웬디가 그 밖에 무슨 일을 할 수 있었겠는가? 그녀는 피터와 존 그가 마이클을 불러 보았지만, 대답 소리는 없었고 단지 웬디의 목소리만 메아리쳤다. 그녀는 아직도 팅크가 여성 특유의 강력한 시기심으로 자신을 증오하는지 알지 못했다. 게다가, 당황해서 우왕좌왕하던 그녀는 팅크를 따라 운명의 길로 들어섰다.

제 5 장

섬이 사실로

피터가 돌아오고 있음을 느끼면서 네버랜드는 다시 잠에서 깨어나 생명으로 활기를 찾았다.

그가 없는 동안 섬에서는 모든 것이 대체로 조용하였다. 요정들은 아침에 한 시간을 더 자며, 짐승들은 자기 새끼들을 돌보고, 인디언들은 엿새 밤낮을 배불리 먹으며, 해적과 소년들이 만나더라도 단지 손가락을 물어뜯어 보이며 서로를 조롱하였다. 그러나 무기력한 것을 싫어하는 피터가 오게 되면, 그들은 다시 옛 방식으로 되돌아갔다.

고아가 된 소년들은 피터를 찾아 돌아다녔고, 해적들은 고아

The lost boys were out looking for Peter, the pirates were out looking for the lost boys, the redskins were out looking for the pirates, and the beasts were out looking for the redskins. They were going round and round the island, but they did not meet because all were going at the same rate.

All wanted blood except the boys, who liked it as a rule, but to-night were out to greet their captain. The boys on the island vary, of course. in numbers, according as they get killed and so on; and when they seem to be growing up, which is against the rules, Peter thins them out; but at this time there were six of them, counting the twins as two. Let us pretend to lie here among the sugar cane and watch them as they steal by in single file, each with his hand on his dagger.

They are forbidden by Peter to look in the least like him, and they wear the skins of bears slain by themselves, in which they are so round and furry .that when they fall they roll. They have therefore become very sure-footed.

The first to pass is Tootles, not the least brave but the most unfortunate of all that gallant band. He had been in fewer adventures than any of them, because the big things constantly happened just when he had stepped round the

---

thin someone out: 가늘게 하다 sugar-cane: 사탕수수 steal by: 조용히 지나가다 in single file: 일렬종대로 dagger: 단도 slay: 죽이다, 도살하다 slain: slay의 과거분사 sure-footed: 조심하여 걷는 gallant: 씩씩한, 용감한

를 찾아 돌아다녔고, 인디언들은 해적들을 찾아다녔고, 짐승들은 인디언들을 찾아 돌아다녔다. 그들은 섬을 빙빙 돌아다녔으나, 모두가 일정한 속도로 움직이고 있었기 때문에 서로 만나지는 않았다.

소년들을 제외하고는 모두가 피를 보고자 하였는데, 소년들도 대체로 피보는 것을 좋아하였지만, 오늘밤에는 대장을 맞이하려고 밖에 있었다. 섬에 있는 소년들의 수는, 물론 그들이 잡혀 죽거나 하는 경우로 인해 일정하지가 않았다. 즉, 그들이 규칙을 어겨 어른이 되면, 피터가 그들을 내쫓아 수를 줄였으므로 현재에는 쌍둥이를 둘로 셈할 경우 여섯 명이 있었다. 자, 우리 사탕수수 사이에 누워 그들이 각자 손에 단도를 들고 일렬 종대로 조용히 지나가는 것을 지켜본다고 가정해 보자.

그들은 피터에 의해 최소한 피터처럼 보이는 것이 금지되었으므로 그들은 죽은 곰의 가죽을 걸치고 있었는데 그 차림은 너무 둥글고 털이 있어 넘어지면 굴러다녔다. 그래서 그들은 매우 조심조심 걸었다.

첫번째로 지나가는 사람은 가장 덜 용감하면서도 그 모든 씩씩한 소년들 중에서 가장 운이 없는 투틀스이다. 그는 외곽을 돌아다닐 때에 항상 큰 일이 일어났으므로 다른 누구보다도 모험한 일이 적었다. 즉, 그가 불을 지필 나무들을 주우러 갔다가 돌아왔을 때에는 다른 소년들이 피를 청소한 뒤였다. 운이 없음으로 인해 그는 약간 우울한 표정을 하였으나, 성격이 모나

corner; all would be quiet, he would take the opportunity of going off to gather a few sticks for firewood, and then when he returned the others would be sweeping up the blood. This ill-luck had given a gentle melancholy to his countenance, but instead of souring his nature had sweetened it, so that he was quite the humblest of the boys. Poor kind Tootles, there is danger in the air for you tonight. Take care lest an adventure is now offered you, which, if accepted, will plunge you in deepest woe. Tootles, the fairy Tink, who is bent on mischief this night, is looking for a tool, and she thinks you the most easily tricked of the boys. Beware Tinker Bell.

Would that he could hear us, but we are not really on the island, and he passes by, biting his knuckles.

Next comes Nibs, the gay and debonair, followed by Slightly, who cuts whistles out of the trees and dances ecstatically to his own tunes. Slightly is the most conceited of the boys. He thinks he remembers the days before he was lost, with their manners and customs, and this has given his nose an offensive tilt. Curly is fourth; he is a pickle, and so often has he had to deliver up his person when Peter said sternly, "Stand forth the one who did this-thing," that now at the command he stands forth automati-

---

firewood:땔나무, 장작 ill-luck=bad lick:불운, 액운 countenance: 표정,안색 sweeten:기분좋게하다, (화를) 누그뜨리다 humble:겸손한, 낮은, 비천한 plunge:던져넣다, 내던지다 woe:불행, 재난 knuckle: 손가락마디, 손가락관절, 주먹 debonaire:정중한, 유쾌한 tilt:경사, 논쟁, 시합, 찌르기

지 않고 온화하였으므로 그는 소년들 중에서 가장 겸손한 사람이었다. 불쌍한 투틀스, 오늘밤에 너에게 위험이 닥쳐올 것 같다. 위험이 너를 덮치지 않도록 조심하여라. 그렇지 않으면 그 위험이 너를 깊은 고통 속으로 빠뜨릴 것이다. 투틀스, 오늘밤 장난에 열중한 요정 팅크가 장난 칠 대상을 찾고 있으며, 그녀는 네가 소년들 중에 가장 잘 속을 것이라고 생각하고 있다. 팅커벨을 조심해라!

그가 우리가 하는 말을 들을 수 있으면 좋으련만 우리는 실제로 섬에 있는 것이 아니고, 그는 손가락 마디를 깨물며 옆으로 지나간다.

다음에 슬라이트의 뒤를 이어, 나무 스치는 소리를 지르며, 자신의 리듬에 맞춰 격정적으로 춤을 추는 명랑하고 활기찬 닙스가 왔다. 슬라이트는 소년들 중에서 가장 자만심이 강하다. 그는 자신을 잃어버리기 전의 예절, 습관 등의 생활에 대해서도 기억한다고 생각하고 있는데 이로 인해 그는 코가 화가 날 정도로 삐뚤어져 있다. 네 번째는 컬리이다. 그는 장난꾸러기로 자주 피터가 엄하게 "이런 짓 한사람 나와 봐!" 하면 몸을 앞으로 내밀어야만 했기에 지금은 명령만 해도 그가 장난을 했든 안 했든 간에 자동적으로 앞으로 나와 섰다. 마지막으로 쌍둥이가 오는데, 우리가 틀림없이 잘못 설명하고 있기 때문에 그는 설명될 수가 없었다. 피터는 쌍둥이가 뭔지를 거의 몰랐으며 그의 무리들은 그가 모르는 것을 알도록 허용하지 않았으므

격정 : 격렬한 감정

cally whether he had done it or not. Last come the Twins, who cannot be described because we should be sure to be describing the wrong one. Peter never quite knew what twins were, and his band were not allowed to know anything he did not know, so these two were always vague about themselves, and did their best to give satisfaction by keeping close together in an apologetic sort of way.

The boys vanish in the gloom, and after a pause, but not a long pause, for things go briskly on the island, come the pirates on their track. We hear them before they are seen, and it is always the same dreadful song:

Avast belay, yo ho, heave to,
A-pirating we go,
And if we're parted by a shot
We're sure to meet below!

"I do wish Peter would come back," every one of them said nervously, though in height and still more in breadth they were all larger than their captain.

"I am the only one who is not afraid of the pirates," Slightly said, in the tone that prevented his being a general favourite; but perhaps some distant sound disturbed

---

vague: 막연한, 모호한 apologetic: 변명의, 사죄의 avast: 멈춰, 그쳐 belay: 밧줄을 걸다, ~매다, ~취소하다 heave: 들어올리다, 밧줄을 끌어올리다 nervously:신경질적으로, 초조하게 favourite=favorite: 호감, 좋게 여기는 감정, 마음에 드는 (물건), 매우 좋아하는 (사람)

로, 이 둘은 항상 자신들에 대해서 잘 몰랐으며 사과하는 방법으로 서로 가까이 있으면서 만족을 주려고 노력하였다.

소년들이 어둠 속으로 사라지고 나서 얼마 후, 그렇지만 그리 오래 지나지는 않아서, 왜냐하면 섬에서는 모든 것이 활기차게 가기 때문에 해적들이 그들을 추적해 온다. 우리는 그들이 보이기 전에도 그들의 노래를 듣는데 그것은 항상 똑같은 무시무시한 노래이다.

밧줄을 멈춰라. 여어, 끌어올려라,
우린 해적질 하러 간다네.
우리가 총에 맞아 헤어진대도
우린 지옥에서 다시 만나리!

"피터가 돌아왔으면 좋겠어." 그들 모두 키와 덩치가 그들의 대장보다 컸음에도 불구하고 초조하게 말했다.

"해적들을 무서워하지 않는 사람은 나뿐이야." 슬라이틀 리가 호감을 얻지 못하는 어조로 말했다. 그런데 아마 멀리서 들려오는 소리가 그를 방해한 듯하다. 왜냐하면 그가 성급하게 말을 덧붙였기 때문이다. "그렇지만 난 그가 돌아와서 그가 신데렐라에 대해 더 들었는지를 말해 줬으면 좋겠어."

그들은 신데렐라에 대해 이야기했으며, 투들스는 그의 엄마

호감:좋게 여기는 감정

him, for he added hastily, "but I wish he would come back, and tell us whether he had heard anything more about Cinderella."

They talked of Cinderella, and Tootles was confident that his mother must have been very like her.

It was only in Peter's absence that they could speak of mothers, the subject being forbidden by him as silly.

"All I remember about my mother," Nibs told them, "is that she often said to father, 'Oh, how I wish I had a cheque-book of my own.' I don't know what a cheque-book is, but I should just love to give my mother one."

While they talked they heard a distant sound. You or I, not being wild things of the woods, would have heard nothing, but they heard it, and it was the grim song:

Yo ho, yo ho, the pirate life,
The flag o' skull and bones,
A merry hour, a hempen rope,
And hey for Davy Jones.

At once the lost boys—but where are they? They are no longer there. Rabbits could not have disappeared more quickly.

---

hastily: 급히, 서둘러서, 허둥지둥 silly: 어리석은, 주책없는 cheque=check: 수표(cheque book 수표장, 수표책) grim: 엄한, 냉혹한, 불쾌한 skull: 두개골, 해골 bone: 뼈, 골격, 유골

가 틀림없이 그녀를 매우 좋아했으리라고 확신하였다. 피터가 하찮은 일로 금지한 어머니들에 대한 이야기를 할 수 있는 것은 단지 피터가 떠나 있을 때뿐이었다.

"내가 내 엄마에 대해 기억하는 전부는 그녀가 아버지에게 '오, 나는 내 수표책을 갖고 싶어요.'라고 말하곤 하던 것이야."

"나는 수표책이 뭔지 모르지만, 엄마에게 하나 갖다 주고 싶어." 닙스가 그들에게 말했다. 이야기를 하면서 그들은 멀리서 들리는 소리를 들었다. 숲속에서 야생하는 존재가 아닌 여러분과 나는 아무것도 들을 수 없었겠지만 그들은 들었는데 그것은 악랄한 노래였다.

여어, 여어, 해적의 삶이여!
해적 깃발의 해골과 뼈,
즐거운 시간, 교수형대의 밧줄,
잘한다, 데이비 존스.

그런데 지금 소년들은 어디에 있는 것일까? 그들은 더 이상 그곳에 없다. 토끼들도 그들보다 빨리 사라질 수 없었을 것이다.

그들이 어디에 있는지 여러분에게 말해 주겠다. 정찰하기 위해 달려간 닙스를 빼고 나머지는 곧 우리가 많이 보게 될, 매

야생: 산이나 들에서 저절로 나서 자람

I will tell you where they are. With the exception of Nibs, who has darted away to reconnoitre, they are already in their home under the ground, a very delightful residence of which we shall see a good deal presently. But how have they reached it? for there is no entrance to be seen, not so much as a pile of brushwood, which, if removed, would disclose the mouth of a cave. Look close-ly, however, and you may note that there are here seven large trees, each having in its hollow trunk a hole as large as a boy. These are the seven entrances to the home under the ground, for which Hook has been searching in vain these many moons. Will he find it to-night?

As the pirates advanced, the quick eye of Starkey sight-ed Nibs disappearing through the wood, and at once his pistol flashed out. But an iron claw gripped his shoulder.

"Captain, let go," he cried, writhing.

Now for the first time we hear the voice of Hook. It was a black voice. "Put back that pistol first," it said threaten-ingly.

"It was one of those boys you hate. I could have shot him dead."

"Ay, and the sound would have brought Tiger Lily's red-skins upon us. Do you want to lose your scalp?"

---

reconnoitre=reconnoiter: 정찰하다, 답사하다 pile: 쌓아올린 더미, 큰돌
disclose: 드러내다, 노출시키다 hollow: 속이빈, 텅빈 grip: 잡음, 움켜쥠
threateningly: 위협적으로, 협박조로, 험하게 scalp: 머리가죽, 전승 기념품

우 멋진 주거지인 지하의 그들 집에 있었다. 그런데 어떻게 그들이 거기에 갈 수 있었을까? 왜냐하면 치우면 입구가 드러나는 덤불 더미는 고사하고 보이는 아무런 출구도 없기 때문이다. 그러나 매우 자세히 보면 7개의 큰 나무가 있고 각 나무는 소년만큼 큰 구멍이 있다는 것을 알 수 있는 것이다. 이것들이 요 몇 달간 후크가 찾아 헤맸으나 찾지 못했던 지하의 집으로 통하는 일곱 개의 출구이다. 그가 오늘밤 찾게 될까?

해적들이 전진할 때 눈치가 빠른 스타키가 숲으로 사라지는 닙스를 보고, 즉시 권총을 쏘았다. 그렇지만 쇠 갈고리가 그의 어깨를 움켜쥐었다.

"선장님 갑시다." 몸을 비틀며 그가 소리쳤다.

이제 처음으로 우리는 후크의 목소리를 듣게 될 것이다. 그 소리는 침울한 소리였다. "그 권총부터 치워." 그가 위협하듯이 말했다.

"그놈은 당신이 증오하는 놈 중의 하나입니다. 내가 그 놈을 쏴 죽일 수도 있었는데."

"물론이지. 그리고 그 소리가 호랑이 릴리의 인디언들을 우리에게 데려올 텐데, 네 목을 잃고 싶나?"

"내가 그를 뒤쫓아가서 쟈니코크 스크류(송곳)으로 놈을 손으로 잡을까요, 선장?" 우스운 스미가 물었다. 스미는 모든 것에 재미있는 이름을 붙였으며 단도로 상처 부위를 찌르곤 하였기 때문에 그의 단도는 이름이 쟈니 코크스크류였다. 스미에게

침울: 걱정에 잠겨 마음이 답답함, 어둡고 시원하지 못함

"Shall I after him, captain," asked pathetic Smee, "and tickle him with Johnny Corkscrew?" Smee had pleasant names for everything, and his cutlass was Johnny Corkscrew, because he wriggled it in the wound. One could mention many lovable traits in Smee. For instance, after killing, it was his spectacles he wiped instead of his weapon.

"Johnny's a silent fellow," he reminded Hook.

"Not now, Smee," Hook said darkly. "He is only one, and I want to mischief all the seven. Scatter and look for them."

"I want their captain, Peter Pan. 'Twas he cut off my arm." He brandished the hook threateningly. "I've waited long to shake his hand with this. Oh, I'll tear him."

"Peter flung my arm," he said, wincing, "to a crocodile that happened to be passing by."

"I have often," said Smee, "noticed your strange dread of crocodiles."

"Not of crocodiles," Hook corrected him, "but of that one crocodile." He lowered his voice. "It liked my arm so much, Smee, that it has followed me ever since, from sea to sea and from land to land, licking its lips for the rest of me."

---

pathetic 감상적인, 애처로운 tikle:간질이다, 만족시키다 cutlass:(옛날 선원이 주로 쓰던)단검 wriggle:꿈틀거리다, 꾸불대다, 속이다 trait: 특성, 기색 'twas=it was brandish:(칼, 창등을)휘두르다 wince:추춤하다, 꽁무니빼다 lick: 핥다, (파도가)철썩거리다 lick one's lips:입맛을 다시다

는 훌륭한 장점이 많았다. 예를 들어, 살인 후에 그는 무기를 닦는 대신 안경을 닦았다.

"쟈니는 조용한 놈입니다." 그가 후크에게 다짐하며 말했다.

"지금은 아니야, 놈은 하나고 나는 일곱 놈 모두를 골탕먹이고 싶어. 흩어져서 놈들을 찾아." 후크가 음침하게 말했다.

"나는 놈들의 대장인 피터팬을 원해, 놈이 내 팔을 잘라 버렸어." 그가 말하면서 위협적으로 갈고리를 휘둘렀다. "이 갈고리로 놈의 손과 악수하기 위해 오랫동안 기다려 왔다. 오, 놈을 찢어 버리겠어."

"피터 놈이 마침 옆으로 지나가던 악어 놈에게 내 팔을 던졌어." 그가 움칫거리며 말했다.

"나는 선장이 악어들에 대해 이상하리만치 무서워하는 것을 자주 듣는데." 스미가 말했다.

"악어들이 아니라 악어 한 놈이야." 후크가 정정하며 말했다. 그는 그의 목소리를 낮췄다. "그놈은 내팔을 매우 좋아하여 그 이후로 내 몸의 나머지 부분에 대해 입맛을 다시며 이 바다에서 저 바다로 이 뭍에서 저 뭍으로 나를 좇아 다니고 있단 말야, 스미."

"그것은 일종의 칭찬 같은 데요." 스미가 말했다.

"나는 그러한 칭찬을 원하는 게 아니야." 후크가 성급하게 소리쳤다. "나는 그러한 칭찬을 원하는게 아니야. 나는 그 짐승

음침: 명랑하지 못하고 흉함

"In a way," said Smee, "it's a sort of compliment."

"I want no such compliments," Hook barked petulantly. "I want Peter Pan, who first gave the brute its taste for me."

He sat down on a large mushroom, and now there was a quiver in his voice. "Smee," he said huskily, "that crocodile would have had me before this, but by a lucky chance it swallowed a clock which goes tick tick inside it, and so before it can reach me I hear the tick and bolt." He laughed, but in a hollow way.

"Some day," said Smee, "the clock will run down, and then he'll get you."

Hook wetted his dry lips. "Ay," he said, "that's the fear that haunts me."

Since sitting down he had felt curiously warm. "Smee," he said, "this seat is hot." He jumped up. "Odds bobs, hammer and tongs I'm burning."

They examined the mushroom, which was of a size and solidity unknown on the mainland; they tried to pull it up, and it came away at once in their hands, for it had no root. Stranger still, smoke began at once to ascend. The pirates looked at each other. "A chimney!" they both exclaimed.

They had indeed discovered the chimney of the home

---

compliment: 칭찬 petulantly: 성급하게 mushroom: 버섯 bolt: 큰화살, 걸쇠, 빗장 haunt: 자주가다, 출몰하다, 괴롭히다 tongs: 집게 solidity: 굳음, 고체, 용적, 크기 mainland: 본토, 대륙(여기서는 영국) chimney: 굴뚝, 분화구

에게 처음으로 내 몸의 일부를 준 피터팬을 원한단 말야."

그는 커다란 버섯 위에 앉아 있었는데 지금 그의 목소리에는 떨림이 있었다. "스미." 그가 쉰 목소리를 내며 말했다. "그 악어 놈은 이전에 나를 잡아먹을 뻔했지만 운 좋게 놈이 시계를 삼켜 버렸는데, 시계가 놈의 뱃속에서 똑딱 소리를 내며 가기 때문에, 놈이 나에게 다가오기 전에 나는 똑딱 소리를 듣고 도망을 치는 거야." 그가 공허하게 웃었다.

"언젠가는 시계가 멈추게 되고 놈이 당신을 잡게 될 것 같은데요." 스미가 말했다.

후크가 그의 마른 입술을 적시며 말했다. "그래 그게 바로 나를 사로잡고 있는 두려움이야."

그는 앉아있는 자리가 다소 따뜻함을 느꼈다.

"스미, 이 자리가 뜨거운데." 그는 벌떡 일어서며 말했다. "이상한 덩어리군, 해머와 집게를 가져와 봐, 나는 지금 뜨거워."

그들은 그 버섯을 조사했는데 그것은 본토에서는 알려지지 않는 크기와 굵기를 가지고 있었다. 그들이 그것을 뽑아내자 그것은 금방 빨려나왔다. 왜냐하면 그것은 뿌리가 없었던 것이다. 더욱 이상하게도 갑자기 연기가 솟아오르기 시작하였다. 그들은 서로를 쳐다보았다. "굴뚝이다." 그들 둘이 소리쳤다. 그들은 진짜로 지하 집의 굴뚝을 찾아낸 것이다. 적이 근처에 있을 때 굴뚝을 버섯으로 막는 것은 소년들이 습관적으로 하는 것이

under the ground. It was the custom of the boys to stop it with a mushroom when enemies were in the neighbourhood.

Not only smoke came out of it. There came also children's voices, for so safe did the boys feel in their hiding-place that they were gaily chattering.

The pirates listened grimly, and then replaced the mushroom. They looked around them and noted the holes in the seven trees.

"Did you hear them say Peter Pan's from home?" Smee whispered, fidgeting with Johnny Corkscrew.

Hook nodded. He stood for a long time lost in thought, and at last a curdling smile lit up his swarthy face. Smee had been waiting for it. "Unrip your plan, captain," he cried eagerly.

"To return to the ship," Hook replied slowly through his teeth, "and cook a large rich cake of a jolly thickness with green sugar on it. There can be but one room below, for there is but one chimney. The silly moles had not the sense to see that they did not need a door apiece. That shows they have no mother. We will leave the cake on the shore of the mermaids' lagoon. These boys are always swimming about there, playing with the mermaids. They

---

gaily: 즐겁게, 유쾌하게 chatter: 재잘거리다 grimly: 사악하게 replace: 원위치 시키다 fidgeting: 만지작 거리다 curdling: 오싹한

었다. 그곳에서 연기가 나올 뿐 아니라 아이들의 목소리가 나오고 있었다. 그들은 은신처가 안전하다고 느꼈기 때문에 즐겁게 재잘대고 있었다.

해적들은 사악하게 그 소리를 들었으며 버섯을 원래의 위치에 갖다 놓았다. 그들은 주위를 둘러보고는 일곱 그루의 나무에 있는 구멍들을 찾아냈다.

"피터가 집에 없다고 놈들이 말하는 것을 들었죠?" 스미가 안절부절하며 쟈크 코크스크류를 만지작거리면서 속삭였다.

후크가 고개를 끄덕였다. 그는 한동안 생각에 잠겨 서 있다가 마침내 오싹한 미소가 그의 거무스레한 얼굴에 퍼졌다. 스미는 그것을 기다리고 있었다. "계획을 말해 보시죠, 선장." 그가 열망하며 소리쳤다.

"배로 돌아가서," 후크가 이를 들어내며 천천히 말했다. "위에 녹색 설탕을 얹은 엄청난 두께의 커다란 케익을 만들자. 아래엔 방이 하나밖에 없어. 굴뚝이 하나밖에 없잖아. 멍청한 두더지 같은 놈들은 사람마다 출입구를 가질 필요가 없다는 것을 알만한 판단력도 없어. 그것은 그들이 엄마가 없다는 것을 보여주지. 케익을 인어의 호숫가에 놔두자. 이 소년들은 항상 그곳 근처에서 인어와 장난치며 수영을 하지. 그들은 케익을 발견하곤 게걸스레 먹을 거야. 왜냐하면 엄마가 없기 때문에 그들은 습기차고 눅눅한 커다란 케익을 먹는 것이 얼마나 위험한지를 모르기 때문이야." 그는 이제 공허하지 않는 정직한 웃음

사악:간사하고 악독함　　게걸: 염치없이 먹으려고 탐내는 마음
공허:속이 텅빔, 아무것도 없음.

will find the cake and they will gobble it up, because, having no mother, they don't know how dangerous 'tis to eat rich damp cake." He burst into laughter, not hollow laughter now, but honest laughter. "Aha, they will die."

Smee had listened with growing admiration.

"It's the wickedest, prettiest policy ever I heard of," he cried, and in their exultation they danced and sang.

Tick tick tick tick.

Hook stood shuddering, one foot in the air.

"The crocodile," he gasped, and bounded away, followed by his bo'sun.

It was indeed the crocodile. It had passed the redskins, who were now on the trail of the other pirates. It oozed on after Hook.

Once more the boys emerged into the open.

"See, it comes," cried Curly, pointing to Wendy in the heavens.

Wendy was now almost overhead, and they could hear her plaintive cry. But more distinct came the shrill voice of Tinker Bell. The jealous fairy had now cast off all disguise of friendship, and was darting at her victim from every direction, pinching savagely each time she touched.

"Hullo, Tink," cried the wondering boys.

---

gobble: 게걸스레 먹다 damp: 축축한, 습기찬 shudder: 떨다, 진저리치다 gasp: (놀람으로)숨이 막히다, 헉헉거리다 ooz: 분비물을 흘리다 plaintive: 구슬픈, 애처로운 savagely: 사납게, 포악하게, 몹시 화가 나서

을 터트렸다. "이제 놈들은 죽게 될 것이다."

스미는 들으면서 더욱 감동하였다.

"내가 들어 본 것 중에 가장 사악하고 멋진 계획인데요." 그가 소리쳤으며 그들은 기쁨에 겨워 춤을 추며 노래를 하였다.

똑딱, 똑딱, 똑딱.

후크는 한발을 공중에 든 채 떨며 서 있었다.

"악어다." 그는 놀라서 숨을 헐떡거리며 갑판장을 이끌고 도망쳤다.

그것은 정말로 악어였다. 그것은 지금은 다른 해적들을 추적하고 있는 인디언들을 지나쳐왔다. 그것은 후크를 쫓아가며 분비물을 흘렸다.

소년들이 다시 밖으로 나왔다.

"저길 봐, 오고 있다." 하늘에 있는 웬디를 가리키며 컬리가 소리쳤다.

웬디는 이제 거의 머리 위에 있었고 그들은 그녀의 애처로운 외침을 들을 수 있었다. 그러나 더욱 분명하게 팅커벨의 날카로운 목소리가 들려왔다. 그 질투심 많은 요정은 지금 매우 우호적인 태도를 보였으며 그녀가 손댈 때마다 야비하게 꼬집으며 모든 방향에서 그녀의 제물을 쏘아보고 있었다.

"안녕, 팅크." 소년들이 소리쳤다.

팅크의 응답이 왔다. "피터가 너희들보고 웬디를 쏘래."

Tink's reply rang out: "Peter wants you to shoot the Wendy."

It was not in their nature to question when Peter ordered. "Let us do what Peter wishes," cried the simple boys. "Quick, bows and arrows."

All but Tootles popped down their trees. He had a bow and arrow with him, and Tink noted it, and rubbed her little hands.

"Quick, Tootles, quick," she screamed. "Peter will be so pleased."

Tootles excitedly fitted the arrow to his bow. "Out of the way, Tink," he shouted; and then he fired, and Wendy fluttered to the ground with an arrow in her breast.

CHAPTER 6

The Little House

FOOLISH Tootles was standing like a conqueror over Wendy's body when the other boys sprang, armed, from their trees.

"You are too late," he cried proudly, "I have shot the Wendy. Peter will be so pleased with me."

---

pop: 획 나가다, 갑자기 움직이다 rub: 비비다, 문지르다 scream: 소리치다
excitedly: 흥분하여 fit: (화살을)재다 flutter:떨어지다

피터가 명령할 때는 의심을 하지 않는 것이 이들의 특징이었다. "피터가 원하는 것을 하자." 순진한 소년들이 소리쳤다."
"빨리, 활과 화살을 가져와."

투들스를 뺀 나머지들은 그들의 나무로 뛰어갔다. 그는 활과 화살을 가지고 있었으며 팅크가 그것을 보고는 그녀의 작은 손을 비벼댔다.

"서둘러 투들스, 서둘러." 그녀가 소리쳤다. "피터가 기뻐할 거야."

투들스가 흥분하여 활에 화살을 재었다. "길에서 비켜, 팅크." 그가 소리쳤으며 그리고 나서 활을 쏘았으며 웬디는 가슴에 화살 한 대를 맞고 땅으로 떨어졌다.

제 6 장
작은 집

멍청한 투들스는 다른 소년들이 무장을 한 채 나무에서 튀어나올 때 웬디의 몸 위에서 정복자처럼 서 있었다.

"너희들은 너무 늦었어, 내가 웬디를 쏘았으며 피터가 나 때문에 기뻐할 거야." 그가 의기양양하게 소리쳤다.

머리 위의 팅커벨이 "바보 같으니!"라고 소리치더니 은신처로 들어가 버렸다. 다른 사람들은 그녀의 말을 듣지 못했다. 그

의기양양: 뜻을 이루어 우쭐거리며 뽐냄

Overhead Tinker Bell shouted "Silly ass!" and darted into hiding. The others did not hear her. They had crowded round Wendy, and as they looked a terrible silence fell upon the wood. If Wendy's heart had been beating they would all have heard it.

Slightly was the first to speak. "This is no bird," he said in a scared voice. "I think it must be a lady."

"A lady?" said Tootles, and fell a-trembling.

"And we have killed her," Nibs said hoarsely.

They all whipped off their caps.

"Now I see," Curly said; "Peter was bringing her to us." He threw himself sorrowfully on the ground.

"A lady to take care of us at last," said one of the twins, "and you have killed her."

They were sorry for him, but sorrier for themselves, and when he took a step nearer them they turned from him.

Tootles' face was very white, but there was a dignity about him now that had never been there before.

"I did it," he said, reflecting. "When ladies used to come to me in dreams, I said, 'Pretty mother, pretty mother.' But when at last she really came, I shot her."

He moved slowly away.

"Don't go," they called in pity.

---

scared: 놀란 hoarsely: 쉰 목소리로 sorrowly: 슬픔에 겨워 dignity: 위엄
reflecting: 반성하며

들은 웬디 주위로 모여들었으며 그들이 바라보고 있을 때 무시무시한 침묵이 숲 위로 몰려왔다. 만약 웬디의 심장이 뛰고 있었다면 그들 모두는 그 소리를 들었을 것이다.

슬라이틀리가 첫 번째로 말했다. "이건 새가 아닌데, 내 생각엔 여자 같아!" 그가 놀란 목소리로 말했다.

"여자라고?" 떨면서 투들스가 말했다.

"우리가 그녀를 죽였어." 닙스가 쉰 목소리로 말했다.

그들은 모두 모자를 벗었다.

"이제 알겠어." 컬리가 말했다. "피터가 그녀를 우리에게 데려오고 있던 거야." 그는 슬픔에 겨워 땅위로 몸을 던졌다.

"우리를 돌보기 위해 오던 아가씨가 결국." 쌍둥이 중의 하나가 말했다. "네가 그녀를 죽였어."

그들은 투들스에게 유감스러웠지만, 자신들에게 더욱 유감스러웠으며 그가 그들 곁으로 다가가자 그를 외면하였다.

투들스의 안색은 창백해졌으나 지금 그에게는 전에는 없던 위엄이 있었다.

"내가 죽인 거야." 그가 반성하며 말했다. "꿈속에서 여자들이 나에게 오곤 할때면, 나는 '아름다운 어머니, 아름다운 어머니'라고 말했는데, 마침내 그녀가 왔을 땐 쏴 죽이다니."

그가 천천히 물러났다.

"가지마." 그들이 동정하며 소리쳤다.

"가야만 해." 그가 악수를 하며 대답하였다. "피터가 두려워."

"I must," he answered, shaking; "I am so afraid of Peter."

It was at this tragic moment that they heard a sound which made the heart of every one of them rise to his mouth. They heard Peter crow.

"Peter!" they cried, for it was always thus that he signalled his return.

"Hide her," they whispered, and gathered hastily around Wendy. But Tootles stood aloof.

Again came that ringing crow, and Peter dropped in front of them. "Greeting, boys," he cried, and mechanically they saluted, and then again was silence.

He frowned.

"I am back," he said hotly, "why do you not cheer?"

They opened their mouths, but the cheers would not come. He overlooked it in his haste to tell the glorious tidings.

"Great news, boys," he cried, "I have brought at last a mother for you all."

Still no sound, except a little thud from Tootles as he dropped on his knees.

"Have you not seen her?" asked Peter, becoming troubled. "She flew this way."

---

crow: 까마귀 울음소리를 내다, (수탉이)울다 salute: 인사하다 frown: 눈살을 지푸리다 signal: 알리다, 신호를 하다 hastily: 다급하게 aloof: 동떨어진, 외따로의 hotly: 열렬히 tiding: 소식 thud: 쿵하고 떨어지는 소리

그들 모두의 가슴을 두근거리게 만드는 소리를 들은 것은 바로 이 비극적 순간이었다. 그들은 피터가 까마귀 울음소리를 내는 것을 들었다.

"피터다!" 그들이 소리쳤다. 왜냐하면 그것이 항상 그가 돌아왔음을 알리는 소리였기 때문이다.

"그녀를 숨겨." 그들이 속삭이며 웬디 주위로 다급히 모여들었다. 그렇지만 투들스는 저만큼 떨어진 채 서 있었다.

다시 그 울음소리가 들리고 피터가 그들 앞으로 내려 앉았다. "안녕, 친구들!" 그가 소리치자 기계적으로 그들은 인사를 했으며 그 다음엔 다시 침묵이 흘렀다.

피터팬이 얼굴을 찌푸렸다.

"내가 돌아왔단 말이야." 그는 얼굴을 붉히며 말했다. "그런데 너희는 왜 좋아하지 않는 거야?"

그들이 입을 열었으나, 환호 소리가 나오지 않았다. 그는 멋진 소식을 전하기 위해 부산을 떠느라 그것을 간과하였다.

"좋은 소식이 있어, 친구들." 그가 소리쳤다. "내가 마침내 모두를 위해 어머니를 데려왔어."

투들스가 무릎을 꿇을 때 들려 온 쿵소리를 제외하고는 아직도 아무 소리가 없었다.

"너희 아직 그녀를 보지 못했니? 그녀가 이쪽으로 날아갔는데." 당황해 하며 피터가 물었다.

"아, 내가 봤어." 한 목소리가 말하자 다른 소리가 "아, 슬픈

간과:깊이 유의하지 않고 예사로 내버려 둠

"Ah me," one voice said, and another said, "Oh, mournful day."

Tootles rose. "Peter," he said quietly, "I will show her to you"; and when the others would still have hidden her he said, "Back, twins, let Peter see."

So they all stood back, and let him see, and after he had looked for a little time he did not know what to do next.

"She is dead," he said uncomfortably. "Perhaps she is frightened at being dead."

He thought of hopping off in a comic sort of way till he was out of sight of her, and then never going near the spot any more. They would all have been glad to follow if he had done this.

But there was the arrow. He took it from her heart and. faced his band.

"Whose arrow?" he demanded sternly.

"Mine, Peter," said Tootles on his knees.

"Oh, dastard hand," Peter said, and he raised the arrow to use it as a dagger.

Tootles did not flinch. He bared his breast. "Strike, Peter," he said firmly, "strike true."

Twice did Peter raise the arrow, and twice did his hand fall. "I cannot strike," he said with awe "there is some-

---

mournful: 슬픔에 잠긴, 애처로운 uncomfortably: 불쾌하게, 불편하게, 귀찮게 sternly: 엄하게, 엄격하게 dastard: 겁쟁이, 비겁한 사람 dagger: 단도, 비수 flinch: : 움찔하다 awe: 두려운

날이여!"라고 말했다.

투들스가 일어났다. "피터." 그가 조용히 말했다. "그녀를 보여줄게." 그리고 나서는 다른 소년들이 아직도 그녀를 가리려고 하자 그가 말했다. "뒤로 물러서 쌍둥아, 피터가 볼 수 있게 해줘."

그래서 그들 모두가 뒤로 서서 그가 볼 수 있게 하였으며, 잠깐 그가 살펴 본 후에도 그는 그 다음에 무엇을 해야 할지를 몰랐다.

"그녀는 죽었어." 그가 불안하게 말했다. "어쩌면 놀라서 죽었는지도 몰라."

그녀를 보기 전까지만 해도 그는 장난적으로 자기를 놀라게 해 주려는 것이라고 생각하였기 때문에 그 현장에 더 가까이 가려 하지 않았다. 만약 그가 그렇게 했다면 그들 모두는 기꺼이 따랐을 것이다.

그러나 거기에는 화살이 있었다. 그가 그녀의 심장에서 그것을 빼내고 그의 무리들을 바라보았다.

"누구의 화살이지?" 그가 엄하게 물었다.

"내 것이야 피터." 투들스가 무릎을 꿇은 채 말하였다.

"아, 저주받은 손이여," 피터가 말했으며 그는 화살을 창처럼 사용하려고 들어 올렸다.

투들스는 움찔하지 않았다. 그가 가슴을 벌렸다. "던져, 피터." 그가 단호하게 말했다. "정확히 던져."

thing stays my hand."

All looked at him in wonder, save Nibs, who fortunately looked at Wendy.

"It is she," he cried, "the Wendy lady; see, her arm."

Wonderful to relate, Wendy had raised her arm. Nibs bent over her and listened reverently. "I think she said, 'Poor Tootles,' " he whispered.

"She lives," Peter said briefly.

Slightly cried instantly, "The Wendy lady lives."

Then Peter knelt beside her and found his button. You remember she had put it on a chain that she wore round her neck.

"See," he said, "the arrow struck against this. It is the kiss I gave her. It has saved her life."

"Let us carry her down into the house," Curly suggested.

"Ay," said Slightly, "that is what one does with ladies."

"No, no," Peter said, "you must not touch her. It would not be sufficiently respectful."

"That," said Slightly, "is what I was thinking."

"But if she lies there," Tootles said, "she will die."

"Ay, she will die," Slightly admitted, "but there is no way out."

---

relate: 이야기하다, 말하다, 관련시키다 reverently: 공손하게 knelt: kneel의 과거, 과거분사 kneel무릎꿇다 sufficiently: 충분히

피터는 두 번 화살을 들어올렸으며 두 번 모두 그의 손이 떨어졌다. "나는 던질 수 없어." 그가 두려워하며 말했다. "무언가가 내 손을 가만히 멈추게 하고 있어."

닙스를 뺀 모두가 이상하다는 듯 그를 주시하였다. 닙스는 운 좋게도 웬디를 주시하였다.

"그녀를 봐." 그가 소리쳤다. "웬디 아가씨를 보란 말야. 그녀의 팔을 봐." 놀랍게도 웬디가 팔을 들어 올리자 닙스가 그녀에게 몸을 구부려 공손하게 말하는 것을 들었다. "내 생각엔 그녀가 불쌍한 투들스라고 말하는 것 같아." 그가 속삭였다.

"그녀가 살아 있다!" 피터가 짧게 말했다.

슬라이틀리가 그때 바로 소리쳤다. "웬디 아가씨가 살았다."

그 때 피터가 그녀 옆에 무릎을 꿇고 앉아서 그의 단추를 발견하였다 여러분은 그녀가 목에 둘렀던 목걸이에 그것을 달았던 것을 기억할 것이다.

"여길 봐, 화살이 여기에 꽂혔어, 이것은 내가 그녀에게 준 키스야, 그것이 그녀의 목숨을 구했던 거야."

"그녀를 집으로 데리고 가자." 컬리가 제안하였다.

"그래, 그게 아가씨를 위하는 거야." 슬라이틀리가 말했다.

그때 피터가 말하였다. "그녀에게 손대지마, 그건 그다지 좋은 일이 아니야."

"그게 바로 내가 생각했던 거야." 슬라이틀리가 말했다.

"그렇지만 그녀가 거기에 누워 있게 되면, 그녀는 죽을 텐

"Yes, there is," cried Peter. "Let us build a little house round her."

They were all delighted. "Quick," he ordered them, "bring me each of you the best of what we have. Gut our house. Be sharp."

In a moment they were as busy as tailors the night before a wedding. They skurried this way and that, down for bedding, up for firewood, and while they were at it, who should appear but John and Michael. As they dragged along the ground they fell asleep standing, stopped, woke up, moved another step and slept again.

"John, John," Michael would cry, "wake up. Where is Nana, John, and mother?"

And then John would rub his eyes and mutter, "It is true, we did fly."

You may be sure they were very relieved to find Peter.

"Hullo, Peter," they said.

"Hullo," replied Peter amicably, though he had quite forgotten them. He was very busy at the moment measuring Wendy with his feet to see how large a house she would need. Of course he meant to leave room for chairs and a table. John and Michael watched him.

"Is Wendy asleep?" they asked.

---

skurry: 서두르다 firewood: 장작, 땔나무 rub: 비비다, 문지르다 mutter: 중얼거리다 amicably: 호의적으로, 우호적으로

데." 투들스가 말했다.

"그래 그녀가 죽게 될 거야." 슬라이틀리가 말했다. "그렇지만 방법이 없어."

"아니야. 있어." 피터가 소리쳤다. "그녀 주위에 작은 집을 짓자."

그들은 모두 만족하였다. "서둘러." 그가 명령하였다. "너희 각자는 우리가 갖고 있는 최고 좋은 것들을 가져와. 우리의 집을 해체하자. 서둘러."

순식간에 그들은 결혼식 전날의 양복쟁이들마냥 바빠졌다. 그들은 아래에는 침대, 위에는 이부자리 등, 이렇고 저렇게 서둘렀으며 그들이 그러고 있는 동안에 존과 마이클이 나타났다. 땅에 닿자마자 그들은 선 채로 잠이 들었다가, 멈췄다가, 깼다가, 움직였다가 다시 잠이 들었다.

"존, 존 일어나 존, 나나와 엄마는 어디 있지?" 마이클이 소리쳤다.

그러자 존이 눈을 부비며 중얼거렸다. "정말 우리는 날았어."

여러분은 그들이 피터를 발견하고 매우 안심이 되었으리라 것을 확신할 것이다.

"안녕, 피터." 그들이 말했다.

비록 그들을 까맣게 잊고 있었지만 그가 친근하게 대답하였다.

"안녕." 그 순간 그는 그녀에게 얼마나 큰집이 필요한지를

"Yes."

"John," Michael proposed, "let us wake her and get her to make supper for us"; but as he said it some of the other boys rushed on carrying branches for the building of the house. "Look at them!" he cried.

"Curly," said Peter in his most captainy voice, "see that these boys help in the building of the house."

"Ay, ay, sir."

"Build a house?" exclaimed John.

"For the Wendy," said Curly.

"For Wendy?" John said, aghast. "Why, she is only a girl."

"That," explained Curly, "is why we are her servants."

"You? Wendy's servants!"

"Yes," said Peter, "and you also. Away with them."

The astounded brothers were dragged away to hack and hew and carry. "Chairs and a fender first," Peter ordered. "Then we shall build a house round them."

"Ay," said Slightly, "that is how a house is built; it all comes back to me."

Peter thought of everything. "Slightly," he ordered, "fetch a doctor."

"Ay, ay," said Slightly at once, and disappeared scratch-

---

aghast: 깜짝놀라다, 혼비백산하여 astound: 몹시 놀라게하다, 간담을 서늘하게 하다 hack: 마구 패서 자르다, 난도질하다 hew: 쪼개다, 패다 fetch: 불러오다, 데리고 오다

알기 위해 발로 웬디의 키를 재느라 매우 바빴다. 물론 그는 의자와 테이블을 놓을 자리도 포함시켜서 생각하고 있었다. 존과 마이클은 그를 바라보고 있었다.

"웬디는 자고 있니?" 그들이 물었다.

"그래."

"존, 그녀를 깨워 저녁밥을 해 달라고 하자." 마이클이 제안했다. 그러나 그가 그 말을 했을 때, 다른 소년들 몇몇이 집짓기 위한 재료들을 들고 달려왔다. "조심해." 그가 외쳤다.

"컬리, 이 애들이 집 짓는데 도움이 될지 알아봐." 피터가 가장 대장다운 목소리로 말했다.

"알았어, 대장."

"집을 짓는다고?" 존이 소리쳤다.

"웬디의 집을 짓고 있어." 컬리가 대답했다.

"웬디의 집? 왜 그녀는 단지 여자일 뿐인데?" 존이 놀라서 말했다.

"그게 바로 우리가 그녀의 하인이 되는 이유야." 컬리가 설명해 주었다.

"너희들이 웬디의 하인들이라고?"

"그래 너희도 마찬가지야. 그리고 거기서 떨어져." 피터가 말했다.

그 놀란 소년들도 땅을 파고, 깔고 운반하는 일을 할 수 있도록 데려갔다. "의자와 방호물 먼저, 그리고 나서 그 주위에 집을 짓자." 피터가 명령했다.

방호물:막아 지키기 위해 만든 방어물

ing his head. But he knew Peter must be obeyed, and he returned in a moment, wearing John's hat and looking solemn.

"Please, sir," said Peter, going to him, "are you a doctor?"

The difference between him and the other boys at such a time was that they knew it was make believe, while to him make-believe and true were exactly the same thing. This sometimes troubled them as when they had to make believe that they had had their dinners.

If they broke down in their make-believe he rapped them on the knuckles.

"Yes, my little man," anxiously replied Slightly who had chapped knuckles.

"Please, sir," Peter explained, "a lady lies very sick there."

She was lying at their feet, but Slightly had the sense not to see her.

"Tut, tut, tut," he said, "where does she lie?"

"In yonder glade."

"I will put a glass thing in her mouth," said Slightly; and he made believe to do it, while Peter waited. It was an anxious moment when the glass thing was withdrawn.

"How is she?" inquired Peter.

---

solemn: 엄숙한, 진지한, 중대한 yonder: 저쪽에, 저쪽의 glade: 숲속의 빈터, 습지 withdraw: 후퇴하다, 빼내다, 물리다

"그래, 그게 바로 집 짓는 방법이라는 생각이 들었어." 슬라이틀리가 말했다.

피터는 모든 것에 대해 생각하였다. "슬라이틀리. 빨리 의사를 불러와." 그가 말했다.

"그래, 그래." 슬라이틀리가 즉시 말하고는 머리를 긁적이며 사라졌다. 그는 피터의 말을 따라야만 한다는 것을 알고 있었기 때문에, 존의 모자를 쓰고 근엄한 표정으로 바로 되돌아 왔다.

그에게로 가며 피터가 말했다. "선생님, 당신이 의사입니까?"

그러한 상황에서 그와 다른 소년들과의 차이점은 그들은 그것이 허구라는 것을 알지만, 그에게는 허구와 진실이 거의 같은 것이라는 점이다. 이것이 밥은 안 먹고도 먹은 체해야 할 때가 있는등 소년들을 때때로 성가시게 했다.

만약 그들이 허구를 믿지 않으면, 그가 그들의 손마디를 때렸다.

"그렇습니다. 꼬마 양반." 손마디를 한대 맞은 슬라이틀리가 걱정스레 대답하였다.

"선생님, 숙녀 한 분이 아파서 저기 누워 있습니다. 피터가 설명하였다.

그녀는 그들의 발 밑에 누워 있었으나 슬라이틀리는 그녀를 쳐다보지 않는 척할 정도의 지각은 있었다.

"쯧쯧쯧, 그녀는 어디에 누워 있습니까?"

"저쪽 숲속 빈터에 있습니다."

근엄:점잖고 엄함

"Tut, tut, tut," said Slightly, "this has cured her."

"I am glad," Peter cried.

"I will call again in the evening," Slightly said "give her beef tea out of a cup with a spout to it", but after he had returned the hat to John he blew big breaths, which was his habit on escaping from a difficulty.

In the meantime the wood had been alive with the sound of axes; almost everything needed for a cosy dwelling already lay at Wendy's feet.

"If only we knew," said one, "the kind of house she likes best."

"Peter," shouted another, "she is moving in her sleep."

"Her mouth opens," cried a third, looking respectfully into it. "Oh, lovely!"

"Perhaps she is going to sing in her sleep," said Peter. "Wendy, sing the kind of house you would like to have."

Immediately, without opening her eyes, Wendy began to sing.

Peter strode up and down, ordering finishing touches. Nothing escaped his eagle eye. Just when it seemed absolutely finished,

"There's no knocker on the door," he said.

They were very ashamed, but Tootles gave the sole of

---

spout: 내뿜다, 거침없이 말하다 cosy=cozy 기분좋은, 안락한, 편한
dwelling: 거주, 사는 집

"내가 그녀의 입에 유리 한 알을 넣어 드리죠." 슬라이틀리가 말했다. 그는 피터가 보고 있는 동안 유리알을 그녀의 입에 넣는 시늉을 했다. 유리알을 회수할 때에는 매우 긴장되는 순간이었다.

"그녀는 어떻습니까?" 피터가 물었다.

"쯧쯧쯧, 이것이 그녀를 치료하였습니다." 슬라이틀리가 말했다.

"고맙습니다." 피터가 소리쳤다.

"나는 오늘 저녁에 다시 들르겠습니다." 슬라이틀리가 말했다. "그녀에게 꼭지가 있는 컵으로 비프 차 한 잔을 주시오." 그는 모자를 존에게 돌려주자마자 커다랗게 한숨을 쉬었는데 그것은 어려움을 벗어났을 때 하는 습관이었다.

그러는 동안 숲은 도끼소리로 시끄러웠다. 아늑한 집에 필요한 거의 모든 것이 벌써 웬디의 발밑에 놓여졌다.

그들 중 한 명이 말했다. "그녀가 가장 좋아하는 집이 어떤 종류의 집인지 알 수 있다면!"

다른 한 명이 소리쳤다. "피터, 그녀가 잠에서 깨어나고 있어."

"그녀의 입이 열렸어" 그 속을 존경스럽게 바라보며 세 번째 소년이 말했다. "오, 매우 사랑스럽군."

"아마 그녀가 꿈속에서 노래를 하려나봐." 피터가 말했다.

"웬디 네가 갖고 싶은 집의 형태에 대해 노래를 해봐."

즉시, 눈을 감은 채 웬디는 노래하기 시작했다.

his shoe, and it made an excellent knocker.

Absolutely finished now, they thought.

Not a bit of it. "There's no chimney," Peter said; "we must have a chimney."

"It certainly does need a chimney," said John importantly. This gave Peter an idea. He snatched the hat off John's head, knocked out the bottom, and put the hat on the roof. The little house was so pleased to have such a capital chimney, that, as if to say thank you, smoke immediately began to come out of the hat.

Now really and truly it was finished. Nothing remained to do but to knock.

"All look your best," Peter warned them; "first impressions are awfully important."

He was glad no one asked him what first impressions are; they were all too busy looking their best.

He knocked politely, and now the wood was as still as the children, not a sound to be heard except from Tinker Bell, who was watching from a branch and openly sneering.

What the boys were wondering was, would any one answer the knock? If a lady, what would she be like?

The door opened and a lady came out. It was Wendy.

---

snatch: 와락 붙잡다, 잡아채다 sneer: 비웃다, 냉소하다, 비웃음, 멸시

피터는 마무리 손질을 명령하며 이리저리 돌아다녔다. 어떤 것도 독수리 눈 같은 그의 눈을 피할 수 없었다. 그 때 집이 완전히 완성되었다.

"문에 손잡이가 없잖아." 그가 말했다.

그들은 매우 부끄러워했고. 투들스가 구두창을 주었으며 그것은 멋진 손잡이가 되었다.

이제 완전히 끝났다고 그들은 생각하였다.

천만에 "굴뚝이 없잖아." 피터가 말했다. "굴뚝이 있어야 해."

"정말 굴뚝이 필요하다고." 존이 심각하게 말했다. 이것이 피터에게 좋은 생각이 떠오르게 해 주었다. 그는 존의 머리에서 모자를 벗겨 밑 부분을 두드려 지붕 위에 걸었다. 그 작은 집은 매우 멋진 굴뚝을 갖게 되었으며 고맙다는 인사라도 하듯 연기가 나오기 시작하였다.

이제 완전히 끝났다. 노크만 하면 된다.

"용모를 단정히 해." 그가 주의를 주었다. "첫인상이 매우 중요한 거야."

아무도 그에게 첫인상이 무엇인지를 묻지 않아 그는 기뻤다. 그들은 용모를 단정히 하느라고 매우 바빴다.

그가 정중하게 노크를 하였다. 지금 숲은 아이들처럼 조용하였으며 나뭇가지에서 그들을 주시하며 공공연히 비웃고 있는 팅커벨의 소리를 빼곤 아무 소리도 들리지 않았다.

소년들이 궁금해하는 것은 누가 노크에 대답하느냐였다. 만약 숙녀라면 그녀는 어떻게 생겼을까?

They all whipped off their hats.

She looked properly surprised, and this was just how they had hoped she would look.

"Where am I?" she said.

Of course Slightly was the first to get his word in. "Wendy lady," he said rapidly, "for you we built this house."

"Oh, say you're pleased," cried Nibs.

"Lovely, darling house," Wendy said, and they were the very words they had hoped she would say.

"And we are your children," cried the twins.

Then all went on their knees, and holding out their arms cried, "O Wendy lady, be our mother."

"Ought I?" Wendy said, all shining. "Of course it's frightfully fascinating, but you see I am only a little girl. I have no real experience."

"That doesn't matter," said Peter, as if he were the only person present who knew all about it, though he was really the one who knew least. "What we need is just a nice motherly person."

"Oh dear!" Wendy said, "you see, I feel that is exactly what I am."

"It is, it is," they all cried; "we saw it at once."

---

whip: 채찍질하다, 때리다, 홱 잡아채다 motherly: 어머니의, 어머니 같은

문이 열리고 숙녀 한 명이 나왔다. 그건 웬디였다. 그들은 모두 모자를 벗었다.

그녀는 꽤 놀란 것 같았고 이것이 바로 그들이 그녀에게서 바라던 것이었다.

"내가 어디에 있는 거지?" 그녀가 말했다.

물론 말을 처음 꺼낸 사람은 슬라이틀리였다. "웬디 아가씨, 당신을 위해 우리가 이 집을 지었습니다." 그가 빠르게 말했다.

"오. 마음에 든다고 말씀해 주세요." 닙스가 말했다.

"아름답고 멋진 집이야." 웬디가 말했으며 그 말은 그들이 기대했던 것이었다.

"그리고 우리는 당신의 아이들이랍니다." 쌍둥이가 말했다.

그리고 나서 모두가 무릎을 꿇고 팔을 뻗으며 소리쳤다. "오, 웬디 아가씨 우리들의 엄마가 돼 주십시오."

"꼭 그래야만 하나요?" 환하게 웃으며 그녀가 말했다. "물론 그것은 멋진 일이지만, 여러분들도 아다시피 나는 겨우 어린 소녀인걸요. 나는 경험이 없어요."

"그것은 중요하지 않아요." 사실은 가장 모르는 사람 중의 하나이면서도, 그것에 대해 모두 알고 있는 사람은 현재 자기 밖에 없는 것처럼 생각하며 피터가 말했다. "우리가 원하는 건 단지 훌륭한 어머니 같은 사람입니다."

"어머 세상에 그건 바로 난데." 웬디가 말했다.

"그래요, 그래요, 우리는 그것을 한눈에 알아봤어요." 모두가 소리쳤다.

"Very well," she said, "I will do my best. Come inside at once, you naughty children; I am sure your feet are damp. And before I put you to bed I have just time to finish the story of Cinderella."

CHAPTER7

The Home Under Ground

ONE of the first things Peter did next day was to measure Wendy and John and Michael for hollow trees. Hook, you remember, had sneered at the boys for thinking they needed a tree apiece, but this was ignorance, for unless your tree fitted you it was difficult to go up and down, and no two of the boys were quite the same size. Once you fitted, you drew in your breath at the top, and down you went at exactly the right speed, while to ascend you drew in and let out alternately, and so wriggled up. Of course, when you have mastered the action you are able to do these things without thinking of them, and then nothing can be more graceful.

Tink was very contemptuous of the rest of the house, as indeed was perhaps inevitable; and her chamber, though

---

naughty: 버릇없는, 못된, 장난꾸러기의 hollow: 속이 빈, 텅 빈 alternately: 교대로, 번갈아 wriggle: 꿈틀거리다 contemptuous: 경멸스러운, 치욕적인 inevitable: 피할 수 없는, 면하기 어려운

"좋아요, 나는 최선을 다하겠어요, 빨리 안으로 들어와요, 장난꾸러기들. 발이 축축한 것 같은데 내가 여러분을 침대로 데려가기 전에 신데렐라 이야기를 해줄 시간이 있을 거야."

제 7 장
땅 속의 집

그 다음날 피터가 일어나자마자 한 일 중의 하나는 속이 빈 알맞은 나무를 찾기 위해 웬디와 존과 마이클의 키를 재는 것이었다. 여러분도 기억하다시피, 후크는 그들이 조각난 나무를 필요로 한다고 생각하는 것에 대해 코웃음쳤지만, 이것은 그가 무식한 탓이다. 왜냐하면 나무가 사람들의 키에 맞지 않으면 오르고 내리기가 어려웠고, 어떤 소년들도 똑같은 키가 아니었기 때문이다. 일단 여러분이 키를 맞추면 여러분은 그 꼭대기에서 호흡할 수 있고 똑같은 속도로 내려가서 여러분을 편하게 끌어올리거나 또는 반대로 편하게 나올 수 있다. 물론 여러분이 행동에 숙달되었을때 여러분은 생각없이도 이러한 일을 할 수 있으며 이것만큼 우아한 것도 없게 된다.

팅크는 그 집의 나머지 부분에 대해서는 매우 경멸했는데 그것은 아마도 정말로 피할 수 없는 것이었다. 그녀의 방은 매우 아름답기는 했지만 다소 자만에 빠져 있어서 영구적으로 삐뚤

자만:스스로 거드름을 부리며 만족해 함

beautiful, looked rather conceited, having the appearance of a nose permanently turned up.

I suppose it was all especially entrancing to Wendy, because those rampagious boys of hers gave her so much to do. Really there were whole weeks when, except perhaps with a stocking in the evening, she was never above ground. The cooking, I can tell you, kept her nose to the pot. Their chief food was roasted breadfruit, yams, coconuts, baked pig, mammee-apples, tappa rolls and bananas, washed down with calabashes of poe-poe; but you never exactly knew whether there would be a real meal or just a make-believe, it all depended upon Peter's whim. He could eat, really eat, if it was part of a game, but he could not stodge just to feel stodgy, which is what most children like better than anything else; the next best thing being to talk about it. Make-believe was so real to him that during a meal of it you could see him getting rounder. Of course it was trying, but you simply had to follow his lead, and if you could prove to him that you were getting loose for your tree he let you stodge.

Wendy's favourite time for sewing and darning was after they had all gone to bed. Then, as she expressed it, she had a breathing time for herself; and she occupied it in

---

rampagious: 날뛰는, 날뛰며 돌아다니는 breadfruit: 빵나무 yam: 참마, 고구마의 일종 calabash: 호리병박 whim: 변덕, 일시적인 생각 stodge: 게걸스럽게 먹다, 마구 퍼먹다 darn: 꿰매다, 깁다

어진 코의 모양을 하고 있는 것 같았다.

내가 생각하건대 그것은 모두 특별히 웬디에게로 가는 것들이었다. 왜냐하면 그렇게 날뛰며 돌아다니는 아이들은 그녀에게 매우 많은 일들을 하게 했기 때문이다. 정말로 양말을 신었던 날만을 제외하고는 그녀는 일주일 내내 한번도 밖으로 나가지 않았다. 내가 여러분들에게 말할 수 있는 건 요리라는 일이 그녀의 코를 계속해서 요리 기구 옆에 머물게 했다 그들의 주식은 구운 빵, 고구마, 코코넛, 훈제 돼지고기, 마미애플, 타파롤, 그리고 푸푸 호리병, 박물로 씻은 바나나였다. 그러나 여러분들은 진짜 음식이 있었는지 또는 가짜로 먹는 척만 했는지 알 수가 없다. 그것은 피터의 변덕에 달려 있었는데 만약 그것이 놀이의 일종이라면 그는 먹을 수 있었고 정말로 먹기도 했다. 그러나 그는 대부분의 아이들이 하는 방식, 즉 먹는 기분을 느끼기 위해 먹지는 않았다. 그 다음으로 좋은 일은 먹는 것에 대해서 얘기하는 것이다. 먹는 척하는 것은 그에게는 굉장히 실제적인 것처럼 보여서 만약 식사 도중에 그를 보게 되면 그가 막 부푸는 것을 볼 수 있다. 물론 그것은 그런 척하는 거였지만 여러분들은 그의 지시에 따라야만 한다. 그리고 만약 여러분이 여러분의 나무에 헐렁하게 된 것을 입증할 수만 있다면 그는 진짜로 먹는 것을 허용해 줄 것이다.

웬디가 바느질하기에 가장 좋은 시간은 아이들이 모두 잠자리에 든 이후였다. 그때 그녀의 표현 대로 그녀는 쉴 시간을

훈제:연기를 흡수시켜 말린 고기

making new things for them, and putting double pieces on the knees, for they were all most frightfully hard on their knees.

When she sat down to a basketful of their stockings, every heel with a hole in it, she would fling up her arms and exclaim, "Oh dear, I am sure I sometimes think spinsters are to be envied."

Her face beamed when she exclaimed this.

You remember about her pet wolf. Well, it very soon discovered that she had come to the island and it found her out, and they just ran into each other's arms. After that it followed her about everywhere.

As time wore on did she think much about the beloved parents she had left behind her? This is a difficult question, because it is quite impossible to say how time does wear on in the Neverland, where it is calculated by moons and suns, and there are ever so many more of them than on the mainland. But I am afraid that Wendy did not really worry about her father and mother; she was absolutely confident that they would always keep the window open for her to fly back by, and this gave her complete ease of mind. What did disturb her at times was that John remembered his parents vaguely only, as people he had once

---

spinster: 실 잣는 여자, 미혼여자, 노처녀 beam: 미소짓다, 기쁨으로 빛나다

갖게 되는 것이다. 그리고 그녀는 그 시간 동안 아이들을 위해 새로운 물건들을 만들었고, 또 바지 무릎에 두 겹의 천을 댔는데 그 이유는 그들 모두가 자신들 바지의 무릎 부분이 헤지도록 뛰어 놀았기 때문이었다.

그녀가 뒤꿈치에 모두 구멍이 난 양말로 가득 찬 바구니 옆에 앉아 있을 때 그녀는 손을 내려놓고 하던 일을 멈추며 이렇게 탄식했다. "아아. 때때로 독신 여성이 부럽다는 생각이 드는구나."

이런 탄식을 할 때 그녀의 얼굴이 빛났다.

여러분은 그녀의 작은 늑대를 기억하고 있을 것이다. 그 늑대는 그녀가 그 섬에 온 직후에 발견되었고, 늑대가 그녀를 알아보았다. 그들은 서로 달려가서 부둥켜안았는데 그때 이후로 줄곧 그 늑대는 그녀 뒤를 따라다녔다.

시간이 지남에 따라 그녀가 남겨 두고 온 사랑스러운 부모님들을 그리워하게 되지 않았을까? 이것은 매우 어려운 질문인데, 왜냐하면 여러 개의 해와 달이 순환되는 네버랜드에서는 시간이 어떻게 지나는지 알 수가 없기 때문이고 본토의 해와 달보다 몇 배나 더 많았기 때문이다. 그러나 나는 웬디가 진실로 그녀의 부모에 대해 걱정하지 않았다는 것이 염려스러웠다. 그녀는 부모님들이 자신이 날아 돌아올 때를 대비해 창문을 열어 둘 것이라고 확신하였으며 이러한 생각은 그녀의 마음을 편하게 하였다. 때때로 그녀의 마음을 괴롭힌 것은 한때 알았던

탄식 : 한숨을 쉬며 한탄함.

known, while Michael was quite willing to believe that she was really his mother. These things scared her a little, and nobly anxious to do her duty.

Now perhaps a better one would be the night attack by the redskins on the house under the ground, when several of them stuck in the hollow trees and had to be pulled out like corks. Or we might tell how Peter saved Tiger Lily's life in the Mermaids' Lagoon, and so made her his ally.

Or we could tell of the cake the pirates cooked so that the boys might eat it and perish; and how they placed it in one cunning spot after another; but always Wendy snatched it from the hands of her children, so that in time it lost its succulence, and became as hard as a stone, and was used as a missile, and Hook fell over it in the dark.

Or suppose we tell of the birds that were Peter's friends, particularly of the Never bird that built in a tree overhanging the lagoon, and how the nest fell into the water, and still the bird sat on her eggs, and Peter gave orders that she was not to be disturbed. That is a pretty story, and the end shows how grateful a bird can be.

---

scare: 위협하다, 깜짝 놀라게하다 cork: 코르크 perish: 소멸하다, 멸망하다, 썩다 snatch: 와락 잡다, 잡아뺏다

사람들처럼 그의 부모님들을 어렴풋이 기억하고만 있는 존이었다. 반면에 마이클은 웬디가 그의 진짜 엄마라고 믿으려고 하였다. 이러한 것들이 그녀를 약간 두렵게 했고 그녀의 의무를 다하도록 애절히 갈망하게 했다.

이제 땅속의 집에 인디언들이 야습한 얘기가 더 나은 이야깃거리가 될 수도 있을 것이다. 그 때 그들은 속이 빈 나무에 갇혀 코르크처럼 빼내야 했다. 또 아니면 피터가 어떻게 인어의 섬에서 호랑이 릴리를 구해서 자기편으로 만들었는지를 이야기해 줄 수도 있을 것이다. 그것도 아니면 우리는 아이들에게 먹게 해서 그들을 죽이려고 했던 해적들이 만든 케익의 얘기를 할 수도 있을 것이다. 그리고 해적들이 하나씩 차례대로 그것들을 아주 교묘한 장소에 놓아두었지만 웬디가 아이들 손에서 모두 빼앗아 버렸고 그래서 곧 그것들은 수분이 없어져서 돌처럼 딱딱하게 되었고 그것들은 다시 미사일로 사용되어 후크가 어둠 속에서 그것에 맞은 얘기도 할 수 있을 것이다.

혹은 피터의 친구인 새에 대해 말을 한다면 특히 섬의 나무에 둥지를 짓는 네버버드에 대해 말을 할 것이다. 그리고 어떻게 해서 그 둥지가 바다에 떨어지고 여전히 그 새가 그 둥지에서 알을 품고 있는지에 대한 얘기, 피터는 그 새가 누군가에게도 방해받지 않을 거라는 얘기를 해주었다. 이 이야기는 아주 예쁜 이야기인데 그 끝은 새가 얼마나 은혜를 아는 동물인가를 보여준다.

야습:밤에 적을 습격함

CHAPTER 8

The Mermaids' Lagoon

IF YOU shut your eyes and are a lucky one, you may see at times a shapeless pool of lovely pale colours suspended in the darkness; then if you squeeze your eyes tighter, the pool begins to take shape, and the colours become so vivid that with another squeeze they must go on fire. But just before they go on fire you see the lagoon. This is the nearest you ever get to it on the mainland, just one heavenly moment; if there could be two moments you might see the surf and hear the mermaids singing.

The children often spent long summer days on this lagoon, swimming or floating most of the time, playing the mermaid games in the water, and so forth. You must not think from this that the mermaids were on friendly terms with them; on the contrary, it was among Wendy's lasting regrets that all the time she was on the island she never had a civil word from one of them. When she stole softly to the edge of the lagoon she might see them by the score, especially on Marooners' Rock, where they loved to bask, combing out their hair in a lazy way. Sometimes

---

shapless: 일정한 모양이 없는, 무형의, 못 생긴 모습 squeeze: 압착하다, 죄다, 꽉 죄다 vivid: 생생한 terms: 교제 관계, (친한)사이 on the contrary: 그와는 반대로 bask: 햇볕을 쬐다

제 8장

인어들의 섬

만약 당신의 눈을 감고 운이 있다면 여러분은 때때로 어둠 속에서 형태가 없는 예쁜 하얀 색깔의 풀장을 볼 수 있을지 모른다. 그 후 만약 좀 더 눈을 꽉 감으면 그 풀장은 형태를 취하고, 약간 아프지만 한번 더 꽉 감음으로써 그 색은 매우 생생해진다. 그러나 당신은 불을 피우기 전에 그 섬을 보게 될 것이다. 이 방법이 여러분이 메인랜드에서 갈 수 있는 가장 가까운 길이다. 그것도 한순간에 한번도 그런 순간을 가질 수 있다면 여러분은 파도를 볼 수 있고 인어의 노래 소리를 들을 수 있을 것이다.

아이들은 종종 이 섬에서 긴 여름을 보내는데 대부분의 시간들을 수영하거나 물에서 인어들과 장난치면서 보내곤 했다. 이렇다고 해서 여러분은 그들과 인어들이 친한 사이라고 단정해서는 안된다. 그와는 반대로 웬디는 인어들로부터 한 마디도 공손한 말을 듣지 못했고 그 섬에서 지낸 모든 시간들을 내내 후회했다. 그녀가 조용히 섬 끝쪽으로 갔을 때, 인어들이 무리를 지어 놀고 있는 것을 볼 수 있었는데 특히 그들이 일광욕하기를 좋아하는 유배자의 바위에는 여러 인어들이 태평스럽게 머리를 빗고 있었다. 때때로 수많은 인어들이 그 섬에서 한꺼번에 놀이를 할 때도 있었는데 그건 정말로 굉장한 장관이었다.

그 날은 그렇게 햇볕이 비치는 날이었는데 그들 모두는 유배

유배자:죄를 범해 귀양간 사람

hundreds of mermaids will be playing in the lagoon at a time, and it is quite a pretty sight.

It was one such day, and they were all on Marooners' Rock. The rock was not much larger than their great bed, but of course they all knew how not to take up much room, and they were dozing, or at least lying with their eyes shut, and pinching occasionally when they thought Wendy was not looking. She was very busy, stitching.

While she stitched a change came to the lagoon. Little shivers ran over it, and the sun went away and shadows stole across the water, turning it cold. Wendy could no longer see to thread her needle, and when she looked up, the lagoon that had always hitherto been such a laughing place seemed formidable and unfriendly.

It was not, she knew, that night had come, but something as dark as night had come. No, worse than that. It had not come, but it had sent that shiver through the sea to say that it was coming. What was it?

There crowded upon her all the stories she had been told of Marooners' Rock, so called because evil captains put sailors on it and leave them there to drown. They drown when the tide rises, for then it is submerged.

Of course she should have roused the children at once;

---

doze: 꾸벅꾸벅 졸다, 선잠 자다 pinch: 꼬집다, 집다 stitch: 바느질하다, 땀질하다 shiver: 파편, 산산조각, 떨다, 떨림, 전율 hitherto: 그때부터 죽, 그 이후부터 계속 formidable: 쌀쌀한 submerge: 물에 잠기다, 잠수하다

자의 바위 위에 있었다. 그 바위는 그들의 큰 침대보다는 크지 않았다. 그러나 물론 그들은 넓게 자리를 차지하지 않는 방법을 알고 있었다. 그들은 잠자고 있거나 또는 적어도 눈을 감고 누워 있었다. 그리고 웬디가 보지 않는다고 생각될 때에는 꼬집고 장난치곤 했다. 웬디는 그 옆에서 바느질하느라고 매우 바빴다.

그녀가 바느질하고 있는 동안 섬에 변화가 생겼다. 작은 파편들이 섬 위로 날아왔다. 그러자 태양이 사라지고 어둠이 물 위로 살며시 내려앉았으며 날씨도 쌀쌀해졌다. 웬디는 더 이상 바느질하는 손을 볼 수가 없어서 위를 올려다보니 이제껏 매우 즐거웠던 섬이 음산하고 스산해 보였다.

밤이 찾아온 것이 아니라 밤이 온 것처럼 어둡게 하는 무엇이 온 것이다. 아니, 밤보다 더 어두웠다. 밤이 찾아온 것은 아니었지만 바다 저편 위로 작은 파편들이 밤이 온다고 일러주는 것 같았다. 그것은 무엇이었을까?

그 때 그녀의 머릿속에 유배자의 바위에 대해 들었던 갖가지 얘기들이 떠올랐다. 유배자의 바위는 악독한 해적 대장이 그의 부하들을 그 바위 위에 올려놓고 익사하도록 내버려두고 떠났기 때문에 붙여진 이름이었다. 바위 위에 내버려진 부하들은 밀물이 밀려와 물 속에 잠겨 버렸기 때문에 익사하였다.

물론 그녀는 아이들을 즉시 깨웠어야 했다. 그 이유는 그들에게 닥쳐올 미지의 상황 때문이 아니라 더이상 그 추운 바위 위에서 아이들이 잠자는 것은 건강에 좋지 않았기 때문이다. 그러나 그녀는 경험이 없는 젊은 엄마였고 이런 상황에 대해

음산:음침하고 으스스함
스산:쓸쓸하게 어수선함

not merely because of the unknown that was stalking toward them, but because it was no longer good for them to sleep on a rock grown chilly. But she was a young mother and she did not know this; she thought you simply must stick to your rule about half an hour after the mid-day meal. So, though fear was upon her, and she longed to hear male voices, she would not waken them. Even when she heard the sound of muffled oars, though her heart was in her mouth, she did not waken them. She stood over them to let them have their sleep out. Was it not brave of Wendy?

It was well for those boys then that there was one among them who could sniff danger even in his sleep. Peter sprang erect, as wide awake at once as a dog, and with one warning cry he roused the others.

He stood motionless, one hand to his ear.

"Pirates!" he cried. The others came closer to him. A strange smile was playing about his face, and Wendy saw it and shuddered. While that smile was on his face no one dared address him, all they could do was to stand ready to obey. The order came sharp and incisive.

"Dive!"

There was a gleam of legs, and instantly the lagoon

---

stalk: 만연하다, 퍼지다 chilly: 으스스한, 냉담한, 오싹한 muffle: 감싸다
oar: 노, 젓는 배 sniff: 냄새맡다, 알아채다 incisive: 날카로운, 통렬한
gleam: 번쩍이다, 빛나다

잘 알지 못했던 것 같다. 그녀는 사람들이 점식 식사 후에 30분 정도 휴식을 취해야만 한다는 생활 규칙에 충실해야 한다고 생각했다. 그래서 그녀에게 두려움이 엄습했지만 그녀는 여성의 목소리를 갈망했고 결코 아이들을 깨우지 않았다. 심지어 그녀가 멀리서 들려 오는 노젓는 소리를 듣고 심장이 두근거릴 때에도 그들을 깨우지 않았다. 그녀는 그들 옆에 서서 그들 숙면을 취할 수 있도록 보호해 주었다. 정말로 웬디는 용감한 여성이 아닐까?

잠자는 동안에도 닥쳐올 위험을 알아채는 한 소년이 있을 수 있다는 사실이 그 소년들에게 있어서는 참으로 다행스러운 일이었다. 피터는 화들짝 놀란 개처럼 즉시 일어났다. 그리고 경고 소리를 지르면서 아이들을 깨웠다.

그는 한동안 움직이지 않고 귓가에 손을 가져갔다.

"해적이다." 그가 소리쳤고 나머지 소년들은 그 주위로 몰려들었다. 묘한 미소가 그의 얼굴에 떠올랐는데 웬디는 그것을 보고 몸을 떨었다. 그의 얼굴에 그런 미소가 떠올랐을 땐 그에게 누구도 감히 말을 걸지 못했다. 그들 모두는 명령만을 기다리며 서 있었다. 단호한 명령이 떨어졌다.

"잠수."

다리들이 잽싸게 움직였고 그러자 섬은 황폐하게 보였다. 유배자의 바위는 그 자체가 유배당한 것처럼 물에 외로이 남아 있었다.

배가 점점 더 다가왔다. 그 배는 해적들의 상륙용 보트였는데 그 안에 세 명이 타고 있었다. 그 세 명은 스미와 스타기

숙면:깊은 잠을 잠

seemed deserted. Marooners' Rock stood alone in the forbidding waters, as if it were itself marooned.

The boat drew nearer. It was the pirate dinghy, with three figures in her, Smee and Starkey, and the third a captive, no other than Tiger Lily. Her hands and ankles were tied, and she knew what was to be her fate. She was to be left on the rock to perish, an end to one of her race more terrible than death by fire or torture, for is it not written in the book of the tribe that there is no path through water to the happy hunting-ground? Yet her face was impassive; she was the daughter of a chief, she must die as a chief's daughter, it is enough.

They had caught her boarding the pirate ship with a knife in her mouth. No watch was kept on the ship, it being Hook's boast that the wind of his name guarded the ship for a mile around. Now her fate would help to guard it also. One more wail would go the round in that wind by night.

They did not see the rock till they crashed into it.

"Luff, you lubber," cried an Irish voice that was Smee's; "here's the rock. Now, then, what we have to do is to hoist the redskin on to it and leave her there to drown."

It was the work of one brutal moment to land the beauti-

---

maroon: 고립시키다, 섬으로 귀양보내다 dinghy: 작은 배 captive: 포로 impassive: 냉정한 wail: 울부짖다, 통곡하다, 한탄하다 crash: 와르르 무너지다, 무섭게 충돌하다 luff: 바람부는 쪽으로 방향을 돌리다 lubber: 미련둥이, 느림보

그리고 한 명의 포로였는데 그 포로는 다름 아닌 호랑이 릴리 그녀였다. 그녀의 손과 발목은 묶여 있었고 그녀는 그녀의 운명이 어떻게 될 것인지 잘 알고 있었다. 그들은 그녀는 수장시키기 위해 바위 위에 올려놓을 것이다. 그것은 그들 종족에게 있어서 불이나 고통을 통한 죽음보다 더 참혹한 것이었는데 그 이유는 그들 종족에게 있어서 수장당한 후에는 행복한 육지 사냥터로 환생할 수 있다는 기록이 없기 때문이었다. 그러나 그녀의 얼굴은 냉담했다. 그녀는 추장의 딸이었고 추장의 딸로서 용감하게 죽어야만 했으며 그것으로 충분했다.

그들은 그녀의 목에 칼을 대고 해적선으로 데려갔다. 누구도 그녀를 보지 못했다. 후크라는 이름을 가진 바람이 그 배 주위의 일 마일 정도를 보호해 준다고 하는 것이 후크 선장의 자랑거리였다. 이제 또한 그녀의 운명 또한 그 배를 보호하는데 도움을 줄 것이다. 밤에 한 차례의 울음소리가 바람 속에서 퍼져나갔다.

그들은 바위에 부딪칠 때까지 바위를 찾지 못했다.

"이봐, 풋빵 뱃머리를 이쪽으로 돌려 이쪽에 바위가 있다고."라고 아일랜드 말로 외친 사람은 스미였다.

"자, 이제 우리가 할 일은 저 인디언을 바위 위에 올려놓고 익사하도록 내버려두면 되는 거라고."

그 아름다운 소녀를 바위 위에 올려놓고 가 버리는 일은 잔인한 일이었지만 그녀는 너무 자존심이 강해서 사소한 저항조차 하지 않았다.

바위에 더 가까이 왔을 때 보이진 않았지만 두 개의 머리가

환생: 형상을 바꾸어서 다시 생겨남. 되살아 남

ful girl on the rock; she was too proud to offer a vain resistance.

Quite near the rock, but out of sight, two heads were bobbing up and down, Peter's and Wendy's. Wendy was crying, for it was the first tragedy she had seen. Peter had seen many tragedies, but he had forgotten them all. He was less sorry than Wendy for Tiger Lily—it was two against one that angered him, and he meant to save her. An easy way would have been to wait until the pirates had gone, but he was never one to choose the easy way.

There was almost nothing he could not do, and he now imitated the voice of Hook.

"Ahoy, there, you lubbers," he called. It was a marvellous imitation.

"The captain," said the pirates, staring at each other in surprise.

"He must be swimming out to us," Starkey said, when they had looked for him in vain.

"We are putting the redskin on the rock," Smee called out.

"Set her free," came the astonishing answer.

"Free?"

"Yes, cut her bonds and let her go."

---

brutal: 짐승의, 야수적인, 잔인한 tragedy: 비극 imitate: 흉내내다, 모방하다
marvellous: 훌륭한, 경이적인

올라왔다 내려갔다. 그 두 머리의 주인공은 피터와 웬디였다. 웬디는 울고 있었는데 그것은 이러한 상황이 그녀가 본 최초의 비극이었기 때문이었다. 그러나 피터는 그들 모두를 잊어버렸다. 그는 호랑이 릴리 때문에 웬디에게 덜 미안했다. 그를 화나게 하는 사람에게 반대하는 사람들이 바로 그들 웬디와 릴리 두 명이었다. 그는 그녀를 구하려고 마음먹었다. 손쉬운 방법은 해적들이 갈 때까지 기다리는 것이었지만 그는 쉬운 방법을 택하지 않았다.

그가 할 수 없는 일은 거의 없었기 때문 그는 후크 선장의 목소리를 흉내내었다.

"여어, 거기 풋내기들." 피터가 불렀다. 아주 훌륭한 모성이었다

"선장님." 해적들이 놀래서 서로를 쳐다보며 말했다.

"그는 헤엄쳐서 우리에게 오고 있어, 틀림없어." 스타기가 대답했다. 그리고 그들이 그를 찾아보려고 둘러봤지만 보이지 않았다.

"우리는 인디언을 바위 위에 올려놓고 있어요." 스미가 외쳤다.

"그녀를 풀어 줘라." 놀라운 소리가 어디선가 외쳐 왔다.

"풀어 주라고요!"

"그래, 끈을 풀어 주고 그녀를 자유롭게 해줘."

"그러나 선장님."

"즉시, 풀어 줘. 내 말 안 들려." 피터가 외쳤다.

"안 그러면, 내 갈고리를 너희들에게 휘두를 테다."

모성:흉내 낸 목소리

"But, captain."

"At once, d'ye hear," cried Peter, "or I'll plunge my hook in you."

"This is queer," Smee gasped.

"Better do what the captain orders," said Starkey nervously.

"Ay, ay," Smee said, and he cut Tiger Lily's cords. At once like an eel she slid between Starkey's legs into the water.

Of course Wendy was very elated over Peter's cleverness but she knew that he would be elated also and very likely crow and thus betray himself, so at once her hand went out to cover his mouth. But it was stayed even in the act, for "Boat ahoy!" rang over the lagoon in Hook's voice, and this time it was not Peter who had spoken.

Peter may have been about to crow, but his face puckered in a whistle of surprise instead.

"Boat ahoy!" again came the cry.

Now Wendy understood. The real Hook was also in the water.

He was swimming to the boat, and as his men showed a light to guide him he had soon reached them. In the light of the lantern Wendy saw his hook grip the boat's side;

---

plunge: 관통하다, 담그다 queer: 기묘한, 괴상한, 수상한 gasp: 헐떡거리다, 숨이 막히다 elate: 의기양양케 하다, 고취시키다 pucker: 주름지다, 오므리다

"뭔가 이상한데." 스미가 헐떡거리며 말했다.

"선장이 시키는 대로 하는 게 나을 거야." 스타키가 신경질적으로 말했다.

"예, 예." 스미가 대답했다. 그리고 그는 호랑이 릴리의 끈을 풀어 주었다. 그러자 곧바로 그녀는 뱀장어처럼 스타키의 다리 사이를 통해 물 속으로 사라져 버렸다.

물론 웬디는 이러한 피터팬의 영리함을 칭찬하였다. 그러나 그녀는 그가 너무 의기양양해져서 계속해서 이런저런 말을 해서 피터의 목소리가 변해 가는 것을 알게 되었다. 그래서 즉시 손으로 그의 입을 막았다. 그러나 계속 목소리는 튀어나왔다.

"여어이, 보트에 있는 놈들!" 후크 선장의 목소리가 온 섬에 울려 퍼졌다 그러나 이번에는 피터가 한 말이 아니었다.

피터는 이제 막 무슨 말인가 하려고 했지만 그 소리가 나자 놀라움의 괴성과 함께 그의 얼굴이 찡그려졌다.

"여어이, 보트." 똑같은 외침이 들려 왔다.

이제 웬디는 알게 되었다. 진짜 후크가 물 속에 있었던 것이다.

그는 보트로 헤엄쳐 오고 있었으며 그의 부하들이 그가 빨리 도착할 수 있도록 불빛을 비춰 주고 있었던 것이다. 전등 불빛 속에서 웬디는 후크의 갈고리 손이 보트의 옆면에 걸쳐지는 것을 볼 수 있었다. 그녀는 그가 물 속에서 튀어나왔을 때 그의 사악한 검은 코를 볼 수 있었다. 몸이 떨리면서 그녀는 어디론가 헤엄쳐 가 버리고 싶었지만 피터는 조금도 움직이지 않았다. 그는 흥분해 있었고 술책으로 마음이 들떠 있었다. "내가

괴성: 부르짖는 소리

she saw his evil swarthy face as he rose dripping from the water, and, quaking she would have liked to swim away, but Peter would not budge. He was tingling with life and also topheavy with conceit. "Am I not a wonder, oh, I am a wonder!" he whispered to her; and though she thought so also, she was really glad for the sake of his reputation that no one heard him except herself.

He signed to her to listen.

The two pirates were very curious to know what had brought their captain to them, but he sat with his head on his hook in a position of profound melancholy.

"Captain, is all well?" they asked timidly, but he answered with a hollow moan.

"He sighs," said Smee.

"He sighs again," said Starkey.

"And yet a third time he sighs," said Smee.

"What's up, captain?"

Then at last he spoke passionately.

"The game's up," he cried, "those boys have found a mother."

Affrighted though she was, Wendy swelled with pride.

"O evil day," cried Starkey.

"What's a mother?" asked the ignorant Smee.

---

lantern: 등불 swarthy: 가무잡잡한 quake: 흔들다, 떨다 budge: 움직이다
topheavy: 불안정한, 머리가 큰 passionately: 정열적으로 swell: 부풀다

경이롭지 않니? 나는 경이로움 그 자체야!" 그가 그녀에게 속삭였다. 그녀도 그렇게 생각은 했지만 그녀를 제외하곤 아무도 듣지 못한 그의 평판에 대해 매우 기뻐했다.

그는 그녀에게 귀를 기울여 보라고 신호했다.

그 두 해적은 선장이 자기들에게 왜 오는지 궁금했다. 그러나 그는 그의 갈고리에 얼굴을 받치고 굉장히 우울한 자세로 배에 앉았다.

"선장, 모두들 잘 있죠?" 그들이 두려움에 떨며 물었다. 그러나 그는 한숨을 쉬었다.

"선장님이 한숨을 쉬네." 스미가 말했다.

"선장님이 또 한숨을 쉬네." 스타기가 말했다.

"그런데도 또, 한숨을 쉬네." 스미가 말했다.

"무슨 일입니까, 선장님?"

그러자 그가 마침내 열정적인 목소리로 말하기 시작했다.

"게임은 끝났어, 그 소년들은 어머니를 찾았단 말이다." 그가 말했다.

그녀는 두려웠지만 그래도 그 어머니라는 소리에는 자랑스러워서 가슴이 부풀어올랐다.

"오, 정말 재수 없는 날이군요." 스타기가 말했다.

"엄마가 뭡니까?" 무식한 스미가 말했다.

이 말을 듣고 웬디는 너무 충격을 받아 "엄마도 모르다니." 라고 외쳤다. 이 일이 있은 후에 웬디는 항상 여러분이 한 귀여운 해적 스미를 가질 수 있다면 그것은 웬디의 것일 거라고 느꼈다.

술책:일을 도모하는 방책

Wendy was so shocked that she exclaimed, "He doesn't know!" and always after this she felt that if you could have a pet pirate Smee would be her one.

Peter pulled her beneath the water, for Hook had started up, crying, "What was that?"

"I heard nothing," said Starkey, raising the lantern over the waters, and as the pirates looked they saw a strange sight. It was the nest I have told you of, floating on the lagoon, and the Never bird was sitting on it.

"See," said Hook in answer to Smee's question, "that is a mother. What a lesson. The nest must have fallen into the water, but would the mother desert her eggs? No."

There was a break in his voice, as if for a moment he recalled innocent days when—but he brushed away this weakness with his hook.

Smee, much impressed, gazed at the bird as the nest was borne past, but the more suspicious Starkey said, "If she is a mother, perhaps she is hanging about here to help Peter."

Hook winced. "Ay," he said, "that is the fear that haunts me."

He was roused from this dejection by Smee's eager voice.

"Captain," said Smee, "could we not kidnap these boys'

---

nest: 보금자리, 둥지 recall: 회상하다 gaze: 쳐다보다 wince: 주춤하다
dejection: 낙담시키다

피터는 그녀를 물 속으로 끌어내렸다. 왜냐하면 후크가 일어나서 다음과 같이 외쳤기 때문이다. "저게 뭐지?"

"전, 아무것도 못 들었는데요." 손전등을 바다에 비추면서 스타키가 말했다. 해적들이 한 이상한 물체를 보았다. 그것은 내가 전에 얘기했던 섬 주위를 떠다니는 네버버드 새가 앉아 있는 둥지였다.

"봐, 저것이 엄마야. 둥지가 물 속으로 떨어진 것이 틀림없어. 그러나 엄마는 알을 포기할까? 아니야. 포기하지 않아!" 스미의 질문에 대한 대답으로 후크가 말했다.

후크는 잠시 그가 순진 무구했던 어린 시절을 떠올리기라도 하듯 한동안 말이 없었다. 그러나 그는 그의 갈고리로 그의 나약함을 흔들어 깨웠다.

깊게 감명받은 스미는 그 둥지가 뒤로 흘러가는 것을 계속 바라보고 있었다. 그러나 좀더 의심이 많은 스타키가 다음과 같이 말했다. "만약 그녀가 엄마라면 아마도 그녀는 피터를 도와주기 위해 여기 어딘가에 있겠군요?"

후크가 주춤거리며 말했다. "그래, 그게 나를 두렵게 한단 말이야."

그는 다음과 같은 스미의 열정적인 말에 이러한 낙심에서 벗어나게 되었다.

"선장, 우리가 이 소년들의 어머니를 납치할 수 없을까요? 그런 다음에 그녀를 우리의 엄마로 만들면 되잖아요?" 스미가 말했다.

"그것 참 훌륭한 계획인데!" 후크가 말했다. 그리고 즉시 그

순진무구:마음이 순박하고 깨끗함

mother and make her our mother?"

"It is a princely scheme," cried Hook, and at once it took practical shape in his great brain. "We will seize the children and carry them to the boat: the boys we will make walk the plank, and Wendy shall be our mother."

Again Wendy forgot herself.

"Never!" she cried, and bobbed.

"What was that?"

But they could see nothing. They thought it must have been a leaf in the wind. "Do you agree, my bullies?" asked Hook.

"There is my hand on it," they both said.

"And there is my hook. Swear."

They all swore. By this time they were on the rock, and suddenly Hook remembered Tiger Lily.

"Where is the redskin?" he demanded abruptly.

He had a playful humour at moments, and they thought this was one of the moments.

"That is all right, captain," Smee answered complacently; "we let her go."

"Let her go?" cried Hook.

"'Twas your own orders," the bo'sun faltered.

"You called over the water to us to let her go," said

---

kidnap: 납치하다, 유괴하다 scheme: 계획 plank: 널빤지 bob: 흔들다, 인사다 hook: 갈고리 complacently: 만족하여 falter: 말을 더듬다

의 머릿속에 구체적인 방법을 떠올려 보았다. "우리가 아이들을 붙잡아서 배로 데리고 가자, 그리고 우리들이 널빤지 위를 걷게 하자. 그러면 웬디는 우리의 엄마가 될 거야."

다시 웬디는 이성을 잃어버렸다.

"안돼! 결코 안돼!" 웬디가 물 밖으로 목을 내밀고 소리쳤다.

"저게 뭐지?"

그러나 그들은 아무것도 보지 못했다. 그들은 그것이 바람에 날리는 나뭇잎일 거라고 생각했다. "동의하느냐? 나의 부하들아!"

"손을 들어 맹세합니다." 그들 둘이 말했다.

"그렇다면 나는 나의 갈고리로 맹세하지."

그들은 모두 맹세했다. 이 즈음에 그들은 바위 위에 있게 되었고 후크에게 갑자기 호랑이 릴리 생각이 떠올랐다.

"인디언은 어디 있지?" 그가 즉시 물어 보았다.

그가 때때로 장난스러운 익살끼가 있었기 때문에 그들은 그것이 그러한 장난끼가 발동하는 순간이라고 생각했다.

"그 일은 잘 처리했습니다, 선장님." 스미가 만족해하며 대답했다.

"우리가 그녀를 풀어 주었습니다."

"그녀를 풀어 주었다고!" 후크가 소리쳤다.

"그건 당신의 명령이었습니다." 해적들이 말을 더듬으며 말했다.

"선장님이 바다 저편까지 와서는, 우리에게 그녀를 풀어 주라고 하셨잖아요" 스타키가 말했다.

Starkey.

"Brimstone and gall," thundered Hook, "what cozening is here?" His face had gone black with rage, but he saw that they believed their words, and he was startled. "Lads," he said, shaking a little, "I gave no such order."

"It is passing queer," Smee said, and they all fidgeted uncomfortably. Hook raised his voice, but there was a quiver in it.

"Spirit that haunts this dark lagoon to-night," he cried, "dost hear me?"

Of course Peter should have kept quiet, but of course he did not. He immediately answered in Hook's voice:

"Odds, bobs, hammer and tongs, I hear you."

In that supreme moment Hook did not blanch, even at the gills, but Smee and Starkey clung to each other in terror.

"Who are you, stranger, speak?" Hook demanded.

"I am James Hook," replied the voice, "captain of the Jolly Roger."

"You are not; you are not," Hook cried hoarsely.

"Brimstone and gall," the voice retorted, "say that again, and I'll cast anchor in you."

Hook tried a more ingratiating manner. "If you are

---

brimstone: 유황 gall:, 쓸개즙 cozen: 속이다 startle: 깜짝 놀라게 하다
quiver: 흔들리다 supreme: 최종(의), 최고의 상태 gill: 처녀, 소녀, 아가미

"이런, 제기랄." 후크가 소리쳤다. "속임수에 당했군." 그의 얼굴은 화가 나서 점점 꺼멓게 되어 갔다. 그러나 그는 그들이 그들의 말을 신뢰하고 있다는 것을 알고서는 깜짝 놀랐다. "이봐, 나는 그런 명령을 내린 적이 없어." 그가 몸을 약간 흔들며 말했다.

"일이 이상하게 진행되어 가는군." 스미가 말했다. 그들 모두 불안해서 안절부절하였다. 후크는 언성을 높였지만 목소리는 약간 떨리고 있었다.

"오늘밤 이 어두운 섬을 배회하는 영혼아, 내 말이 들리느냐?" 후크가 소리쳤다.

물론 피터는 조용히 잠자코 있었어야 했지만 그러지 않았다. 그는 즉시 후크의 목소리로 대답했다.

"이봐, 여보게, 망치, 집게, 잘 들리네."

그런 무서운 순간에도 후크는 안색 하나 변하지 않았다. 그러나 스미와 스타키는 공포에 질려 서로에게 몸을 밀착시켰다.

"너는 누구냐? 누가 말하는거야?" 후크가 물어 보았다.

"나는 멍청한 선원들의 선장, 제임스 후크다." 그 목소리가 대답하였다.

"너는 아니야, 너는 아니야." 후크가 쉰 목소리로 외쳤다.

"이런, 제기랄. 다시 한 번 말해봐. 내가 너에게 닻을 던져 주마." 그 목소리가 반박했다.

후크는 더욱 알랑거리는 태도를 보이려고 노력했다. "만약 당신이 후크라면, 당신이 와서, 내가 누군지 말해봐." 후크가 거의 공손한 태도로 말했다.

반박: 남의 의견이나 주장에 반대하여 공격함

Hook," he said almost humbly, "come tell me, who am I?"

"A codfish," replied the voice, "only a codfish." "A codfish!" Hook echoed blankly; and it was then, but not till then, that his proud spirit broke. He saw his men draw back from him.

"Have we been captained all this time by a codfish?" they muttered. "It is lowering to our pride."

They were his dogs snapping at him, but, tragic figure though he had become, he scarcely heeded them. Against such fearful evidence it was not their belief in him that he needed, it was his own. He felt his ego slipping from him. "Don't desert me, bully," he whispered hoarsely to it.

In his dark nature there was a touch of the feminine, as in all the great pirates, and it sometimes gave him intuitions. Suddenly he tried the guessing game.

"Hook," he called, "have you another voice?"

Now Peter could never resist a game, and he answered blithely in his own voice, "I have."

"And another name?"

"Ay, ay."

"Vegetable?" asked Hook.

"No."

"Mineral?"

---

ingratiate: 비위를 맞추다, 환심을 사다 codfish: 대구(물고기) mutter: 불평하다 snap: 덥석물다, 짱닫다 heed: 조심하다 feminine: 여성의 intuition: 직관, 직감

"대구, 너는 단지 대구에 지나지 않아." 그 목소리가 대답하였다. "내가 대구라고!" 후크가 혼자서 되뇌었다. 그때처럼 그의 자존심이 무너진 적은 없었다. 그는 그의 부하들이 그의 곁에서 뒤로 물러나는 것을 보았다.

"우리가 이제껏 한낱 대구를 선장으로 모셨단 말이야?" 그들이 불평하며 말했다. "이거, 자존심이 매우 상하는걸."

그들은 그를 할퀴는 개들이 되어 버렸다. 후크는 매우 비참한 처지가 되었지만 좀처럼 그들을 경원시하지는 않았다. 그가 필요로 하는 건 그런 두려운 증거를 거부하는 부하들의 믿음이 아니라 바로 자기 자신의 믿음이었다. 후크는 자신의 자아가 자기로부터 멀어지는 것을 느꼈다. "나를 버리지마." 그는 목이 쉬도록 그의 자아에게 속삭였다.

모든 위대한 해적들에서처럼 후크의 어두운 본성 속에는 여성의 감성이 있었다. 그리고 그것이 때때로 그에게 직관력을 주었다. 갑자기 그가 알아맞히기 놀이를 하려고 하였다.

"후크, 너는 또다른 목소리를 가지고 있지?" 그가 말했다.

이제 피터는 더이상 그 놀이를 할 수가 없었다. 그래서 그는 그 자신의 목소리로 대답하였다.

"그럼 있지."

"너의 또다른 이름은?"

"예, 예."

"야채니?" 후크가 물었다.

"아니."

"광물?"

경원: 겉으로는 존경하는 체하면서 실제로는 가까이 하지 않음
직관력: 판단, 추리 등의 사유작용 없이 대상을 직접적으로 파악하는 힘

"No."

"Animal?"

"Yes."

"Man?"

"No!" This answer rang out scornfully.

"Boy?"

"Yes."

"Ordinary boy?"

"No!"

"Wonderful boy?"

To Wendy's pain the answer that rang out this time was "Yes."

"Are you in England?"

"No."

"Are you here?"

"Yes."

Hook was completely puzzled. "You ask him some questions," he said to the others, wiping his damp brow.

Smee reflected. "I can't think of a thing," he said regretfully.

"Can't guess, can't guess," crowed Peter. "Do you give it up?"

Of course in his pride he was carrying the game too far,

---

mineral: 광물, 광석, 무기물 scornfull: 조소적으로, 경멸스럽게 wipe: 훔치다, 씻다, 닦다

"아니."

"동물?"

"그래."

"사람?"

"아니!" 이 대답은 경멸하는 듯한 어조로 말하였다.

"소년?"

"그래."

"평범한 소년?"

"아니!"

"훌륭한 소년?" 웬디에겐 고통스러운 순간이었지만 이번에 튀어나온 대답은 그래였다.

"영국에 사니?"

"아니."

"여기에서 사니?"

"그래."

후크는 매우 어리둥절해 했다 "너희들이 그에게 몇 가지 질문을 해봐라." 그가 땀이 난 이마를 훔치며 다른 해적들에게 말했다.

스미가 곰곰이 생각해 보았다. "나도 무엇인지 잘 모르겠는데요." 그가 유감스럽게 말했다.

"맞춰 봐, 맞춰 보라니까! 포기 할거야?" 피터가 말했다.

물론 그의 자존심 때문에 피터는 그 게임을 너무 오랫동안 끌어왔고 그래서 그 악한들은 거기에서 그들의 기회를 포착했다.

and the miscreants saw their chance.

"Yes, yes," they answered eagerly.

"Well, then," he cried, "I am Peter Pan."

Pan!

In a moment Hook was himself again, and Smee and Starkey were his faithful henchmen.

"Now we have him," Hook shouted. "Into the water, Smee. Starkey, mind the boat. Take him dead or alive."

He leaped as he spoke, and simultaneously came the gay voice of Peter.

"Are you ready, boys?"

"Ay, ay," from various parts of the lagoon.

"Then lam into the pirates."

The fight was short and sharp. First to draw blood was John, who gallantly climbed into the boat and held Starkey. There was a fierce struggle, in which the cutlass was torn from the pirate's grasp. He wriggled overboard and John leapt after him. The dinghy drifted away.

Here and there a head bobbed up in the water, and there was a flash of steel followed by a cry or a whoop. In the confusion some struck at their own side. The corkscrew of Smee got Tootles in the fourth rib, but he was himself pinked in turn by Curly.

---

miscreant: 악한, 무뢰한 henchmen: 충실한 부하 lam: 치다, 때리다
gallantly: 용감하게, 씩씩하게 pink: 찌르다 rib: 늑골, 갈빗대

"그래, 그래." 그들이 말했다.

"좋아, 나는 피터팬이야." 피터가 말했다.

피터팬!

그 순간 후크는 제 정신을 차렸고 스미와 스타키 또한 그의 충실한 부하로 되돌아 왔다.

"자, 그를 잡자." 후크가 소리쳤다. "물 속으로 뛰어들어. 스미, 스타키, 보트를 지켜라. 그를 죽이든지 생포하든지 데리고 가도록 하자."

그는 말하면서 물 속으로 뛰어들었다. 그와 동시에 피터의 목소리가 들려 왔다.

"다들 준비됐지?"

"예, 예." 섬의 여러 군데에서 소년들의 목소리가 들려 왔다.

"자, 그러면 해적들을 잡으러 가자."

그 싸움은 짧고 격렬했다. 처음으로 피를 본 사람은 존이었는데 그는 용감하게 보트로 올라가서 스타키를 잡았다. 격렬한 싸움이 있었고 해적의 단도가 손에서 떨어져 나갔다. 그는 비틀거리며 보트에서 떨어졌고 존은 그를 쫓아 물 속으로 뛰어들었다. 그 작은 보트는 홀로 어디론가 흘러가 버렸다.

물속 여기저기서 머리들이 튀어나왔다. 강철들이 부딪히는 섬광이 있었고 뒤따라서 고함과 외침 소리가 들려 왔다. 그런 혼잡한 상황 속에서 자기들 편을 공격하는 이들도 있었다. 스미의 타래 송곳이 투들스의 네 번째 갈비뼈를 강타했다. 그러나 그 자신도 컬리에게 찔리고 말았다.

바위로부터 멀리 떨어진 곳에서 스타키는 슬라이틀리와 쌍둥

포착:꼭 붙잡음, 요령, 요점을 얻음
섬광:번쩍이는 빛, 순간적으로 비치는 빛

Farther from the rock Starkey was pressing Slightly and the Twins hard.

Where all this time was Peter? He was seeking bigger game.

The others were all brave boys, and they must not be blamed for backing from the pirate captain. His iron claw made a circle of dead water round him, from which they fled like affrighted fishes.

But there was one who did not fear him: there was one prepared to enter that circle.

Strangely, it was not in the water that they met. Hook rose to the rock to breathe, and at the same moment Peter scaled it on the opposite side. The rock was slippery as a ball, and they had to crawl rather than climb. Neither knew that the other was coming. Each feeling for a grip met the other's arm: in surprise they raised their heads; their faces were almost touching; so they met.

Some of the greatest heroes have confessed that just before they fell to they had a sinking. Had it been so with Peter at that moment I would admit it. After all, this was the only man that the Sea-Cook had feared. But Peter had no sinking, he had one feeling only, gladness, and he gnashed his pretty teeth with joy. Quick as thought he

---

affright: 놀라게 하다, 두렵게 하다 slippery: 미끄러운

이와 격렬하게 싸우고 있었다.

이런 와중에 피터는 어디에 있었을까? 그는 좀더 큰 싸움을 찾고 있었다.

나머지 소년들도 매우 용감한 소년들이었지만 그들은 해적 선장에게서 물러서서는 안 되었다. 그러나 후크의 쇠갈고리가 바닷물에 큰 원을 그리며 한번 내둘러질 때마다 소년들은 놀란 고기처럼 도망가 버렸다.

그러나 거기에 그를 두려워하지 않는 한 사람이 있었는데 그 큰 원 속으로 들어갈 준비가 되어 있는 사람이었다.

이상하게도 그들이 만난 장소는 물속이 아니었다. 후크는 숨쉬기 위해 바위 위로 올라갔다. 그리고 동시에 피터도 그 바위의 반대편을 기어오르고 있었다. 바위는 둥근 공처럼 미끈거려서 그들은 올라간다기보다는 기어야 했다. 그들 둘 다 반대편에서 누군가가 올라오고 있는지를 알지 못했다. 서로의 손에 다른 사람의 팔들이 느껴졌다. 그들은 둘 다 놀라서 서로의 머리를 쳐들었다. 그들은 얼굴이 거의 닿을 정도로 가까이 있었고, 이래서 그들은 서로 만나게 되었다.

가장 위대한 영웅들은 그들이 패배하기 직전에 가라앉음을 느낀다고 했었다. 그 순간에 피터가 그랬음을 나는 인정한다. 결국 이 사람은 씨쿡이 두려워했던 유일한 사람이다. 그러나 피터는 가라앉지 않았다. 그는 단지 한 가지 느낌, 즉 기쁨을 느꼈는데 그러한 기쁨에 그는 그의 이를 드러내 놓으며 씩 웃었다. 그가 후크의 허리띠에서 칼을 훔쳐서 집으로 가져가려고 할 때 그는 후크보다 더 높은 곳에 있다는 것을 알았다. 이것

snatched a knife from Hook's belt and was about to drive it home, when he saw that he was higher up the rock than his foe. It would not have been fighting fair. He gave the pirate a hand to help him up.

It was then that Hook bit him.

Not the pain of this but its unfairness was what dazed Peter. It made him quite helpless. He could only stare, horrified. Every child is affected thus the first time he is treated unfairly. All he thinks he has a right to when he comes to you to be yours is fairness. After you have been unfair to him he will love you again, but will never afterwards be quite the same boy. No one ever gets over the first unfairness; no one except Peter. He often met it, but he always forgot it. I suppose that was the real difference between him and all the rest.

So when he met it now it was like the first time; and he could just stare, helpless. Twice the iron hand clawed him.

A few minutes afterwards the other boys saw Hook in the water striking wildly for the ship; no elation on his pestilent face now, only white fear, for the crocodile was in dogged pursuit of him. On ordinary occasions the boys would have swum alongside cheering; but now they were uneasy, for they had lost both Peter and Wendy and were

---

gnash: 빛나다 snatch: 와락 붙잡다 foe: 적 daze: 멍하게 하다 pestilent: 성가신, 귀찮은 elation: 의기양양 pestilent: 귀찮은, 해로운 alongside: 옆으로 대고, 뱃전에

은 공평한 싸움이 될 수 없다. 그는 후크가 올라오는 것을 도와주기 위해 한 손을 내밀었다.

그때 후크가 그를 물었다.

이때 피터를 멍하게 한 것은 고통 때문이 아니라 후크의 비겁함 때문이었다. 이러한 부정당함이 그를 매우 의기소침케 만들었다. 그는 두려워하며 단지 바라보고만 있었다. 이리하여 모든 아이들은 그가 불공평하게 대우받는 처음 순간에 큰 영향을 받는다. 당신에게 올 때 당신은 공정해야 하는 올바름을 가지고 있다고 생각한다. 여러분이 그에게 불공정하게 대한 후에도 아이들은 다시 당신을 좋아할 수도 있지만 그는 이제 결코 예전의 그 소년이 될 수는 없다. 어떤 사람도 최초의 불공정함을 극복할 수는 없다. 피터를 제외하고 말이다. 그는 종종 그것과 마주쳤다. 그러나 그는 항상 그것을 잊어버린다. 내가 생각하기로는 그것이 피터와 다른 모든 사람들과의 진정한 차이점이라고 생각한다.

그래서 그가 지금 대했을 때 그것은 최초의 순간과도 같은 것이었다. 그래서 그는 단지 의기소침한 채 쳐다만 보고 있을 수밖에 없었다. 그 쇠갈고리 손이 그를 두 번째 찔러왔다.

잠시 후에 나머지 소년들은 후크가 물속에서 배를 향해 필사적으로 헤엄치는 광경을 볼 수 있었다. 그의 험상궂은 얼굴에는 피터를 눌렀다는 어떤 의기양양함을 볼 수가 없었고 단지 하얗게 공포에 질려 있었다. 그 이유는 바로 악어가 그를 계속 쫓아가고 있었기 때문이었다. 평상시였다면 소년들은 그 옆으로 웃으면서 수영하며 따라갔을 테지만 지금 그들은 마음이 그

의기소침: 득의한 마음이 쇠하여 우울해짐

scouring the lagoon for them, calling them by name. They found the dinghy and went home in it, shouting "Peter, Wendy" as they went, but no answer came save mocking laughter from the mermaids. "They must be swimming back or flying," the boys concluded. They were not very anxious, they had such faith in Peter. They chuckled, boy-like, because they would be late for bed; and it was all mother Wendy's fault!

When their voices died away there came cold silence over the lagoon, and then a feeble cry.

"Help, help!"

Two small figures were beating against the rock; the girl had fainted and lay on the boy's arm. With a last effort Peter pulled her up the rock and then lay down beside her. Even as he also fainted he saw that the water was rising. He knew that they would soon be drowned, but he could do no more.

As they lay side by side a mermaid caught Wendy by the feet, and began pulling her softly into the water. Peter, feeling her slip from him, woke with a start, and was just in time to draw her back. But he had to tell her the truth.

"We are on the rock, Wendy," he said, "but it is growing smaller. Soon the water will be over it."

---

dinghy: 작은 배 mock: 조롱하다, 비웃다, 흉내내다 chuckle: 웃다 feeble: 연약한, 희미한 faint: 실신하다, 졸도하다 drown: 익사시키다

다지 편하지 않았다. 그 이유는 그들이 피터와 웬디 둘 다를 잃어버렸기 때문이었다. 그들은 피터와 웬디의 이름을 부르며 그 섬을 찾아 헤맸다. 그들은 배를 찾아내서 그것을 타고 집으로 돌아왔다. 집으로 돌아오면서 피터와 웬디를 불러 보았지만 아무런 대답이 들리지 않았고 단지 인어들의 흉내 소리만 들려왔다. "그들은 틀림없이 헤엄치거나 날아서 집으로 돌아 올 거야." 소년들은 이렇게 결론지었다. 그들은 그다지 걱정하지는 않았다. 그 이유는 그들이 피터를 그만큼 믿었기 때문이었다. 그들은 소년들처럼 웃었는데 그 이유는 그들이 잠잘 시간에 늦었기 때문이었다. 그것은 모두 웬디의 잘못이었다.

그들의 목소리가 사라져 갈 무렵에, 그 섬은 차가운 침묵만이 흐르고 있었다. 그 뒤 어디선가 가날픈 외침 소리가 들려왔다.

"도와줘, 도와줘."

두 명의 조그마한 사람들이 바위에 매달려 있었다. 소녀는 의식을 잃고 소년의 팔에 안겨 있었다. 마지막 힘을 다하여 피터는 그녀를 바위 위로 끌어올렸으며 그런 후 그 자신도 그녀 옆에 누웠다. 그 또한 정신이 혼미했지만 그는 물이 차 오르는 것을 느낄 수 있었다. 이제 곧 그들이 익사하게 되리라는 것을 알았지만 그는 더이상 아무 일도 할 수가 없었다.

그들이 나란 누워 있을 때 한 인어가 웬디의 발을 잡더니 그녀를 부드럽게 물 속으로 끌어내리기 시작했다. 피터는 그녀가 자신으로부터 미끄러져 나가는 것을 느끼고 깜짝 놀라 정신을 차렸다. 그리곤 즉시 그녀를 자기 쪽으로 다시 끌어당기기 시

혼미:마음이 어두워 흐리멍텅함

She did not understand even now.

"We must go," she said, almost brightly.

"Yes " he answered faintly.

"Shall we swim or fly, Peter?"

He had to tell her.

"Do you think you could swim or fly as far as the island, Wendy, without my help?"

She had to admit that she was too tired.

He moaned.

"What is it?" she asked, anxious about him at once.

"I can't help you, Wendy. Hook wounded me. I can neither fly nor swim."

"Do you mean we shall both be drowned?"

"Look how the water is rising."

They put their hands over their eyes to shut out the sight. They thought they would soon be no more. As they sat thus something brushed against Peter as light as a kiss, and stayed there, as if saying timidly, "Can I be of any use?"

It was the tail of a kite, which Michael had made some days before. It had torn itself out of his hand and floated away.

"Michael's kite," Peter said without interest, but next

---

moan: 신음하다, 불평하다 wound: 상처 입히다, 부상하게 하다 torn: tear의 과거분사, tear 눈물을 흘리다

작했다. 그러나 그는 그녀에게 진실을 얘기해야만 했다.

"우리는 지금 바위 위에 있어 웬디, 그러나 곧 우리가 있을 수 있는 장소가 없어질 거야. 물이 계속 차 오르고 있거든." 피터가 말했다.

그녀는 지금도 알아듣지 못하는 상태였다.

"가야만 해." 그녀가 거의 또렷하게 말했다.

"그래." 그가 희미하게 대답했다.

"수영해서 갈까, 날아서 갈까, 피터?"

그는 그녀에게 자신의 속사정을 얘기해야만 했다.

"웬디, 너는 섬까지 내 도움 없이 수영하거나 날아갈 수 있을 거 같니?"

그녀는 자신이 너무 지쳐 있음을 시인해야 했다. 그가 신음했다.

"왜 그러니?" 즉시 그를 걱정하면서 물었다.

"나는 너를 도와줄 수 없어, 웬디. 후크에게 당했어, 수영도 못하겠고 날지도 못하겠어."

"그러면, 우리 둘 다 같이 빠져 죽을 수 밖에 없다는 말이니?"

"물이 얼마나 차올랐는지 봐."

그들은 정경을 훑어보기 위해 그들의 손을 눈가로 가져갔다. 그들은 더이상 지체할 시간이 없다고 생각했다. 이렇게 해서 그들이 앉아 있을 때 키스처럼 가벼운 무엇인가가 피터를 문질렀다. 그러더니 그것이 마치 "내가 아직 쓸모가 있을까?"라고 조심스럽게 속삭이듯 그 장소에 머물렀다.

시인:옳다고 인정함

moment he had seized the tail, and was pulling the kite toward him.

"It lifted Michael off the ground," he cried; "why should it not carry you?"

"Both of us!"

"It can't lift two; Michael and Curly tried."

"Let us draw lots," Wendy said bravely.

"And you a lady; never." Already he had tied the tail round her. She clung to him; she refused to go without him; but with a "Good-bye, Wendy," he pushed her from the rock; and in a few minutes she was borne out of his sight. Peter was alone on the lagoon.

The rock was very small now; soon it would be submerged. Pale rays of light tiptoed across the waters; and by and by there was to be heard a sound at once the most musical and the most melancholy in the world: the mermaids calling to the moon.

Peter was not quite like other boys; but he was afraid at last. A tremour ran through him, like a shudder passing over the sea; but on the sea one shudder follows another till there are hundreds of them, and Peter felt just the one. Next moment he was standing erect on the rock again, with that smile on his face and a drum beating within him.

---

kite: 연, 빠르게 날다 clung:cling의 과거분사 cling 달라붙다, 매달리다
shudder: 전율, 몸서리

그것은 일전에 마이클이 만들었던 연의 꼬리였다. 그것은 그에게서 찢겨져 나가 어디론가 날아가 버린 연이었다.

"마이클의 연이군." 아무 생각 없이 피터가 말했다. 그러나 그 다음 순간 그는 즉시 그 연 꼬리를 잡았다. 그리고 자신 쪽으로 끌어당겼다.

"저 연이 마이클을 땅으로부터 들어 올렸어." 그가 외쳤다.

"그것이 너를 데려갈 수도 있을지도 몰라?"

"우리 둘 다여야 해!"

"두 명을 들어올릴 수는 없어. 마이클하고 컬리가 시도해 봤어."

"행운을 빌자." 웬디가 용감하게 말했다.

"그건 안돼, 결코. 그리고 너는 여자잖아." 이미 그는 그녀를 그 연 꼬리에 묶었다. 그녀는 그에게 매달렸고 자기 혼자 가기를 거부했다. 그러나 피터는 그녀를 바위에서부터 밀어버렸다. "안녕, 웬디." 잠시 후 그녀는 그의 시야에서 사라져 버렸다. 피터는 이제 섬에 혼자 남은 것이다.

바위는 이제 매우 조그마해졌다. 곧 가라앉을 것이다. 창백한 빛이 물 위로 지나가고 점차 세상에서 가장 음악적이고 가장 구슬픈 소리가 들렸다. 인어가 달을 부르고 있는 것이었다.

피터는 다른 소년들과 같지는 않았지만 그도 마침내 두려움을 느꼈다. 그에게 바다 저 너머에서 오는 파도처럼 한 차례의 전율이 스치고 지나갔다. 그러나 바다 위에서는 수백 번의 파동이 생길 때까지 하나의 파동이 또 하나의 파동을 부르고 있었지만, 피터는 단 하나만의 파동을 느끼고 있었다. 그 다음 순간 그는 다시 바위 위에 똑바로 섰다. 그의 얼굴에는 미소가

전율:두려워 몸이 떨림

It was saying, "To die will be an awfully big adventure."

CHAPTER 9

The Happy Home

"Me Tiger Lily," that lovely creature would reply: "Peter Pan save me, me his velly nice friend. Me no let pirates hurt him."

She was far too pretty to cringe in this way, but Peter thought it his due, and he would answer condescendingly, "It is good. Peter Pan has spoken."

Always when he said, "Peter Pan has spoken," it meant that they must now shut up, and they accepted it humbly in that spirit; but they were by no means so respectful to the other boys, whom they looked upon as just ordinary braves. They said "How-do?" to them, and things like that; and what annoyed the boys was that Peter seemed to think this all right.

The way you got the time on the island was to find the crocodile, and then stay near him till the clock struck.

"Silence," cried Wendy when for the twentieth time she had told them that they were not all to speak at once. "Is

---

drum: 북 awfully: 매우, 대단히 cringe: 비굴한 태도, 굽실거림, 몸을 구부리다, 굽실거리다 condescendingly: 겸손하게, 생색을 내는 듯 humbly: 겸손하게

서려 있었고 가슴은 쿵쿵 띠고 있었다. 그리곤 다음과 같은 말을 남겼다. “죽는 것도 매우 대단한 모험일 거야.”

제 9 장
행복한 집

“피터팬이 나 호랑이 릴리를 구해 주었으며 나는 그의 매우 좋은 친구이다. 나는 해적들이 그를 해치도록 그냥 놓아두지는 않겠다.”

그녀가 이런 식으로 굽실대기에는 너무 아름다웠지만 피터는 자신이 그러한 대우를 받을 만하다고 생각하였으며 그는 생색을 내며 이렇게 대답하였다. “좋은 일이다. 피터팬이 말하였노라.”

그가 “피터팬이 말하였노라.”라고 말할 때에는 그것은 이제 조용히 하라는 말이었으며 그들은 그러한 마음으로 겸손하게 받아들였다. 그러나 그들은 결코 다른 소년들에 대해서는 그렇게 존경하지 않았으며 그들을 단지 보통의 평범한 용사들로 여겼다. 그들은 소년들에게 “그런데?”라고 말하였는데 소년들을 화나게 한 건 피터가 이것을 당연하다고 생각하는 것 같았다는 점이다.

그 섬에서 시간을 버는 방법은 악어를 찾아서 시계가 울릴 때까지 그 근처에서 머무는 것이다. 식사는 실제로는 먹지 않

생색:낯이 나도록 하는 일

your calabash empty, Slightly darling?"

"Not quite empty, mummy," Slightly said, after looking into an imaginary mug.

"He hasn't even begun to drink his milk," Nibs interposed.

This was telling, and Slightly seized his chance.

"I complain of Nibs," he cried promptly.

John, however, had held up his hand first.

"Well, John?"

"May I sit in Peter's chair, as he is not here?"

"Sit in father's chair, John!" Wendy was scandalised.

"Certainly not."

"He is not really our father," John answered. "He didn't even know how a father does till I showed him."

This was grumbling. "We complain of John," cried the twins.

Tootles held up his hand. He was so much the humblest of them, indeed he was the only humble one, that Wendy was specially gentle with him.

"I don't suppose," Tootles said diffidently, "that I could be father."

"No, Tootles."

Once Tootles began, which was not very often, he had a

---

calabash: 호리병박 imaginary: 상상의, 가공의 mug: 머그잔, 원통형 찻잔
scandalise=scandalize: 분개시키다, 중상하다 grumble: 투덜거리는, 불평을 늘어놓는 diffidently: 자신없이, 소심하게, 수줍게

으면서 먹는 시늉만 하면서 차를 마시는 것이었으나 탐욕스럽게 마구 먹으면서 그들은 탁자 주위에 앉아 있었다.

"조용!" 모두가 동시에 떠들면 안 된다고 스무 번째 그들에게 말하고 나서 웬디가 소리쳤다. "너의 잔이 비었구나 슬라이틀리야."

"조금도 비지 않았어요, 엄마." 상상의 머그잔을 들여다 본 후 슬라이틀리가 말하였다.

"그는 마시는 것을 시작조차 않았어요." 닙스가 참견하였다.

이에 대한 반응에 슬라이틀리가 기회를 잡았다. "나는 닙스에게 불만이 있어요." 그가 즉각 소리쳤다.

그러나 먼저 존이 그의 손을 들었다.

"왜 그러니, 존?"

"피터가 지금 여기에 없으니 그의 의자에 앉아도 되나요?"

"아버지의 의자에 앉다니, 존 결코 안돼!" 웬디가 화를 내었다.

"그는 진짜 우리 아버지가 아냐!" 존이 대답하였다. "내가 그에게 알려주기 전까지만 해도 그는 아버지가 무엇인지도 몰랐다고."

이것은 불평이었다. "우리는 존에 대해 불만이 있어요." 쌍둥이가 소리쳤다.

투들스가 그의 손을 들었다. 그는 그들 중에서 가장 겸손하였으며 실제로 그가 유일한 겸손한 사람이었기에 웬디는 특히 그에게 잘해 주었다.

silly way of going on.

"As I can't be father," he said heavily, "I don't suppose, Michael, you would let me be baby?"

"No, I won't," Michael rapped out. He was already in his basket.

"As I can't be baby," Tootles said, getting heavier and heavier, "do you think I could be a twin?"

"No, indeed," replied the twins; "it's awfully difficult to be a twin."

"As I can't be anything important," said Tootles, "would any of you like to see me do a trick?"

"No," they all replied.

Then at last he stopped. "I hadn't really any hope," he said.

The hateful telling broke out again.

"Slightly is coughing on the table."

"The twins began with mammee-apples."

"Curly is taking both tappa rolls and yams."

"Nibs is speaking with his mouth full."

"I complain of the twins."

"I complain of Curly."

"I complain of Nibs."

"Oh dear, oh dear," cried Wendy, "I'm sure I sometimes

---

rap out: 내뱉듯이 말하다, 갑자기 심한 말을 쓰다 cough:기침을 하다
mammee:물레나물과의 교목 yam: 참마, 고구마의 일종

"난 아버지가 될 수 있을거라 생각지 않아." 투들스가 머뭇거리며 말했다.

"아니야, 투들스."

다시 투들스가 말하였는데 그것은 흔한 일이 아니었으며 그는 바보 같은 말을 계속하였다.

"내가 아버지가 될 수 없기 때문에, 마이클 네가 나보고 아기가 되라고 말할 것이라고 생각하지 않아."

그가 심각하게 말하였다. "그래, 난 그렇게 할 수 없어." 마이클이 말했다. 그는 벌써 그의 바구니 속에 들어가 있었다.

"내가 아기가 될 수 없으면 내가 쌍둥이가 될 수 있을 거라고 생각하니?" 투들스가 점점 더 심각하게 말했다.

"아니, 될 수 없어, 쌍둥이가 되는 것은 매우 힘들어." 쌍둥이가 대답하였다.

"내가 어떤 중요한 것도 될 수 없다면 내가 장난을 치는 것을 너희 중 그 누구가 좋아하겠니?"

"아무도 없어." 그들 모두가 대답하였다.

"나는 아무런 희망도 없어." 라고 말하면서 마침내 그가 말을 멈추었다. 지긋지긋한 대화가 다시 시작되었다.

"슬라이틀리가 테이블 위에다 기침하고 있어요."

"쌍둥이들이 엄마 사과를 먹고 있어요."

"컬리는 타파롤과 양감자를 먹고 있어요."

"닙스는 음식을 입에 넣은 채 말하고 있어요."

"나는 쌍둥이에게 불만이 있어요."

think that children are more trouble than they are worth."

She told them to clear away, and sat down to her work-basket: a heavy load of stockings and every knee with a hole in it as usual.

"Wendy," remonstrated Michael, "I'm too big for a cradle."

"I must have somebody in a cradle," she said almost tartly, "and you are the littlest. A cradle is such a nice homely thing to have about a house."

While she sewed they played around her; such a group of happy faces and dancing limbs lit up by that romantic fire. It had become a very familiar scene this in the home under the ground, but we are looking on it for the last time.

There was a step above, and Wendy, you may be sure, was the first to recognise it.

"Children, I hear your father's step. He likes you to meet him at the door."

Above, the redskins crouched before Peter.

"Watch well, braves. I have spoken."

And then, as so often before, the gay children dragged him from his tree. As so often before, but never again.

He had brought nuts for the boys as well as the correct

---

remonstrate: 간언하다, 충고하다, 항의하다 cradle: 요람 limbs: 사지, 팔다리
recognise=recognize: 인정하다, 알아주다

"나는 컬리에게 불만이 있어요."

"나는 닙스에게 불만이 있어요."

"오, 얘들아 얘들아, 때때로 나는 아이들이 너무 골치를 썩인다는 생각을 한단다." 웬디가 말했다.

그녀는 그들에게 조용히 하라고 한 후 여느 때와 다름없이 무릎 부분이 구멍난 양말 뭉치가 있는 바느질 바구니에 앉았다.

"웬디 요람이 나에게 너무 작아." 마이클이 항의하였다.

"누군가가 요람에 있어야만 해." 그녀가 매우 호되게 질책하였다. "그리고 네가 제일 작지 않니? 요람은 집에 있는 또다른 매우 멋진 집과 같은 거야."

그녀가 바느질을 하고 있는 동안 그들은 떼를 지어 행복한 얼굴로 낭만적인 불꽃 빛나는 몸으로 춤을 추며 그녀의 주위에서 놀았다. 그것은 지하의 집에서는 매우 흔한 장면이 되었으나 우리는 지금 그것을 마지막으로 보고 있는 것이다.

위에서 발소리가 났으며 여러분이 확신하듯 웬디가 맨처음으로 그 소리를 들었다.

"얘들아, 네 아버지 발소리가 들리는구나. 너희들이 문으로 그를 마중 나가면 너희들을 좋아할게다."

위에서는 인디언들이 피터 앞에 엎드려 있었다.

"용사들이여 잘 지키도록 해라. 내가 말했노라."

그리고 나서 늘 그랬던 것처럼 흥에 겨운 아이들이 그를 나무에서 끌어 내렸다. 전에도 그랬던 것처럼, 그러나 다시 또 그

요람: 유아를 넣고 흔들어서 즐겁게 하거나 잠재우는 채롱
질책: 꾸짖어 나무람

time for Wendy.

"Peter, you just spoil them, you know," Wendy simpered.

"Ah, old lady," said Peter, hanging up his gun.

"It was me told him mothers are called old lady," Michael whispered to Curly.

"I complain of Michael," said Curly instantly.

The first twin came to Peter. "Father, we want to dance."

"Dance away, my little man," said Peter, who was in high good humour.

"But we want you to dance."

Peter was really the best dancer among them, but he pretended to be scandalised.

"Me! My old bones would rattle."

"And mummy too."

"What," cried Wendy, "the mother of such an armful, dance!"

"But on a Saturday night," Slightly insinuated.

It was not really Saturday night, at least it may have been, for they had long lost count of the days; but always if they wanted to do anything special they said this was Saturday night, and then they did it.

---

rattle: 덜컥덜컥 움직이다 bone: 뼈, 골격 insinuate: 넌지시 비치다, 둘러서 말하다, 교묘하게 불어넣다

러지는 못할 것이다.

그는 웬디에게 시간에 맞춰 왔을 뿐만 아니라 소년들에게 줄 견과류로 가지고 왔다.

"피터, 그러면 아이들 버릇이 나빠져요." 웬디가 선웃음을 지으며 말했다.

"알았습니다. 여보." 하고 총을 걸면서 피터가 말했다.

"엄마를 여보라고 부른다고 내가 말해 줬어." 마이클이 컬리에게 소곤댔다.

"나는 마이클에게 불만이 있어요" 컬리가 즉각 말했다.

쌍둥이 중 첫째가 피터에게 다가가서 말했다. "아빠, 우리 춤춰요."

"그래 가서 춤추거라, 얘야." 기분이 좋은 피터가 말했다.

"그렇지만 우리는 아빠도 춤추길 바래요."

피터는 그들 중에서 실제로 가장 잘 추는 춤꾼이었으나 그는 짐짓 화가 난 체하면서 말했다.

"나! 몸이 말을 안 들어."

"엄마도요."

"뭐라고." 웬디가 소리쳤다. "그렇지만 오늘은 토요일 밤이잖아요." 슬라이틀리가 넌지시 말했다.

그날은 실제로는 토요일 밤이 아니었으나 그들은 오랫동안 날짜를 잊고 살아 왔기 때문에 그들이 특별히 어떤 것을 하고자 할 때엔 그들은 오늘을 토요일 밤이니깐 하며 그것을 하였다.

견과: 껍질이 굳고 단단하며 안에 종자가 하나 있는 과일

"Of course it is Saturday night, Peter," Wendy said, relenting.

"People of our figure, Wendy."

"But it is only among our own progeny."

"True, true."

So they were-told they could dance, but they must put on their nighties first.

"Ah, old lady," Peter said aside to Wendy, warming himself by the fire and looking down at her as she sat turning a heel, "there is nothing more pleasant of an evening for you and me when the day's toil is over than to rest by the fire with the little ones near by."

"It is sweet, Peter, isn't it?" Wendy said, frightfully gratified.

And then at last they all got into bed for Wendy's story, the story they loved best, the story Peter hated.

Usually when she began to tell this story he left the room or put his hands over his ears; and possibly if he had done either of those things this time they might all still be on the island. But to-night he remained on his stool; and we shall see what happened.

---

relent: 마음이 누그러지다, 마음이 부드러워지다 progeny: 자손, 결과 heel: 뒤꿈치, 말단

"그래요 토요일 밤이잖아요."라고 웬디가 마음이 누그러지며 말했다.

"세상에! 애들하곤."

"하지만 우리 애들이잖아요."

"그래, 그래."

그래서 그들은 춤을 출 수 있게 되었으나 그들은 먼저 잠옷을 입어야만 했다.

"여보, 하루 일과가 끝나고 아이들을 옆에 둔 채 불가에서 휴식을 취하는 것만큼 즐거운 저녁은 없지 않소?" 불을 쬐면서 뒤꿈치를 돌리며 앉는 웬디를 보며 피터가 말했다.

"달콤한 밤이죠? 피터, 그렇죠?" 웬디가 매우 기분이 좋아서 말했다.

그때 드디어 모두 그들이 가장 사랑하지만 피터는 제일 싫어하는 웬디의 이야기를 듣기 위해 침대에 누웠다.

보통 때에 그녀가 이야기를 시작할 때에는 그는 방을 나가거나 양손으로 귀를 막아 버렸다. 그가 오늘 이 두 가지 방법 중의 하나라도 시도했더라면 그들은 아직도 섬에 있을 것이다. 그런데 오늘밤 그는 그의 의자에 남아 있었으니, 자, 우리 이제 무슨 일이 일어나나 보자.

CHAPTER 10
Wendy's Story

LISTEN then," said Wendy, settling down to her story, with Michael at her feet and seven boys in the bed. "There was once a gentleman–"

"I had rather he had been a lady," Curly said.

"I wish he had been a white rat," said Nibs.

"Quiet," their mother admonished them. "There was a lady also, and–"

"Oh mummy," cried the first twin, "you mean that there is a lady also, don't you? She is not dead, is she?"

"Oh, no."

"I am awfully glad she isn't dead," said Tootles. "Are you glad, John?"

"Of course I am."

"Are you glad, Nibs?"

"Rather."

"Are you glad, Twins?"

"We are just glad."

"Oh dear," sighed Wendy.

"Little less noise there," Peter called out, determined that she should have fair play, however beastly a story it

---

settle: 정착하다 admonish: 훈계하다, 주의를 주다, 경고하다 determine: 결정하다 beastly: 짐승 같은, 더러운, 지독한

제 10장
웬디의 이야기

"들어보렴." 미첼을 그녀의 발 곁에 두고 일곱 명의 소년들은 침대에 누인 채 웬디가 이야기를 꺼냈다. "옛날에 한 신사가 있었단다."

"나는 그 사람이 여자 였으면 좋겠는데." 컬리가 말했다.

"나는 그 사람이 흰쥐였으면 좋겠어." 닙스가 말했다.

"조용히 해라." 그들의 엄마가 타일렀다. "여자도 있었으며."

"오, 엄마. 여자도 있다고요? 그녀는 죽지 않았죠?" 쌍둥이 중 첫째가 말했다.

"그럼."

"그녀가 죽지 않았다니, 기뻐요." 투들스가 말했다. "너도 기쁘지 않니?"

"물론 기뻐."

"닙스, 너도 기쁘지?"

"조금."

"쌍둥이 너희도 기쁘지 않니?"

"우리도 기뻐."

"오, 얘들아." 웬디가 한숨 지었다.

"거기 좀 조용히 해." 그 이야기가 매우 지겹다고 생각하면서, 그녀가 공정한 게임을 해야 한다고 결심한 듯 피터가 소리

might be in his opinion.

"The gentleman's name," Wendy continued, "was Mr. Darling, and her name was Mrs. Darling."

"I knew them," John said, to annoy the others.

"I think I knew them," said Michael rather doubtfully.

"They were married, you know," explained Wendy, "and what do you think they had?"

"White rats," cried Nibs, inspired.

"No."

"It's awfully puzzling," said Tootles, who knew the story by heart.

"Quiet, Tootles. They had three descendants."

"What is descendants?"

"Well, you are one, Twin."

"Do you hear that, John? I am a descendant."

"Descendants are only children," said John.

"Oh dear, oh dear," sighed Wendy. "Now these three children had a faithful nurse called Nana; but Mr. Darling was angry with her and chained her up in the yard; and so all the children flew away."

"It's an awfully good story," said Nibs.

"They flew away," Wendy continued, "to the Neverland, where the lost children are."

---

opinion: 의견, 견해 annoy: 성가시게 굴다, 괴롭히다 inspire: 고무하다, 격려하다, 불어넣다 descendants: 후손, 자손 faithful: 충실한, 믿음직스러운

쳤다.

"그 신사의 이름은 다링 씨였으며 그녀는 다링 부인이었다." 웬디가 계속하였다.

"나는 그들을 알아." 다른 사람들이 짜증을 낼 정도로 존이 한 마디를 더했다.

"나도 그들을 알 것 같아." 약간 미심쩍어 하면서 마이클이 말했다.

"너희들이 알고 있듯이 그들은 결혼한 사이였는데, 너희 생각엔 그들에게 무엇이 있었을 것 같니?" 웬디가 말했다.

"흰쥐." 닙스가 말했다.

"아니야."

"꽤 어려운 문제인데." 투들스가 말했지만 그는 그 이야기를 모조리 외우고 있었다.

"조용히 하렴, 투들스. 그들에겐 세 명의 자녀가 있었단다."

"자녀가 뭔데?"

"응, 말하자면 너도 자녀야, 쌍둥아."

"존, 너 들었니? 내가 자녀래."

"자녀란 단지 아이들이란 뜻이야." 존이 말했다.

"오, 얘들아, 얘들아." 웬디가 한숨을 쉬었다. "그런데 이 세 아이에게는 나나라고 하는 충실한 보모가 있었단다. 그런데 다링 씨가 화가 나서 그녀를 뒤뜰에 사슬로 묶어 놓았단다. 그래서 아이들이 모두 날아가 버렸단다."

"상당히 재미있는 이야기인데." 닙스가 말했다.

보모: 복지시설등에서 어린애를 돌봐 기르는 여자

"I just thought they did," Curly broke in excitedly. "I don't know how it is, but I just thought they did."

"O Wendy," cried Tootles, "was one of the lost children called Tootles?"

"Yes, he was."

"I am in a story. Hurrah, I am in a story, Nibs."

"Hush. Now I want you to consider the feelings of the unhappy parents with all their children flown away."

"Oo!" they all moaned, though they were not really considering the feelings of the unhappy parents one jot.

"Think of the empty beds!"

"Oo!"

"It's awfully sad," the first twin said cheerfully.

"I don't see how it can have a happy ending," said the second twin. "Do you, Nibs?"

"I'm frightfully anxious."

"If you knew how great is a mother's love," Wendy told them triumphantly, "you would have no fear." She had now come to the part that Peter hated.

"I do like a mother's love," said Tootles, hitting Nibs with a pillow. "Do you like a mother's love, Nibs?"

"I do just," said Nibs, hitting back.

"You see," Wendy said complacently, "our heroine

---

mean: 신음하다 jot: 적음, 메모하다 triumphantly: 의기양양하게 pillow: 베게 complacently: 마음에 흡족하게, 자기 만족으로

"그들은 날아서 미아들이 살고 있는 네버랜드로 갔단다." 웬디는 계속하였다.

"내 생각에도 그랬을 것 같아." 컬리가 흥분하여 끼어들었다. "어떻게 했는지는 모르지만 내 생각엔 그랬을 것 같아." "웬디, 미아들 중에 투들스라는 아이도 있었어요?" 투들스가 말했다.

"응, 있었단다."

"내가 이야기 속에 나온다. 야호! 내가 이야기 속에 나온다고, 닙스."

"쉿, 이제 아이들이 날아가버린, 그 불행한 부모의 마음이 어떻겠는가를 생각해 보렴."

"아!" 실제로 그 불행한 부모의 마음을 생각하지는 않았지만 그들은 모두 한숨을 쉬었다.

"텅 빈 침대들을 생각해 보렴."

"아!"

"정말 슬프군." 첫 번째 쌍둥이가 말했다.

"그런데 그것이 어떻게 행복하게 끝날 수 있는지를 모르겠는데." 둘째 쌍둥이가 말했다. "닙스, 너는 아니?"

"나도 몹시 걱정이 되는데."

"엄마의 사랑이 어느 정도였는지를 만약 너희들이 안다면?" 웬디가 의기양양하게 말했다. "너희들은 그 어떤 두려움도 없을 거야." 이제, 그녀는 피터가 증오하는 부분까지 와 버렸다.

"나도 정말 엄마의 사랑을 좋아해." 베개로 닙스를 때리며 투들스가 말했다. "너도 정말 엄마의 사랑을 좋아하니, 닙스?"

knew that the mother would always leave the window open for her children to fly back by; so they stayed away for years and had a lovely time."

"Did they ever go back?"

"Let us now," said Wendy, bracing herself for her finest effort, "take a peep into the future"; and they all gave themselves the twist that makes peeps into the future easier. "Years have rolled by; and who is this elegant lady of uncertain age alighting at London Station?"

"O Wendy, who is she?" cried Nibs, every bit as excited as if he didn't know.

"Can it be the fair Wendy!"

"Oh!"

"And who are the two noble portly figures accompanying her, now grown to man's estate? Can they be John and Michael? They are!"

"Oh!"

"See, dear brothers," says Wendy, pointing upwards, "there is the window still standing open. Ah, now we are rewarded for our sublime faith in a mother's love. So up they flew to their mummy and daddy; and pen cannot describe the happy scene, over which we draw a veil."

So great indeed was their faith in a mother's love that

---

brace: 죄다, 떠받치다 peep: 엿보다, 들여다 보다, 나타나다 alight: 내리다, 착륙하다 portly: 비만한, 비대한 sublime: 장엄한, 최고의, 고상한 veil: 덮개, 씌우개, 장막

"나도 그래." 되받아치며 닙스가 말했다.

"너희도 알다시피 우리의 여주인공은 어머니가 그녀의 아이들이 다시 날아 들어올 수 있도록 창문을 열어 놓고 있으리란 걸 알고 있었단다. 그래서 아이들은 몇 년 동안 행복한 시간을 보내며 밖에 있었단다." 웬디가 만족하여 말했다.

"그들은 결국 돌아갔어요?"

"자, 이제 우리 미래를 들여다보자." 최대한 자세를 잡으려고 노력하며 웬디가 말했다. 그리고 나서 그들은 미래를 좀 더 잘 들여다보기 위해 몸을 비비꼬았다. "몇 년이 흘렀다. 런던 역에 내리고 있는 몇 살인지 모르는 이 우아한 숙녀는 누구지?"

"와, 웬디, 그녀가 누군데?" 정말 모르는 것처럼 매순간 흥분하며 닙스가 말했다.

"웬디 같지 않니?"

"야!"

"그리고 이젠 어른으로 성장하여 그녀를 따르고 있는 두 명의 고상하고 풍채 좋은 사람들은 누구지?" "존과 마이클 같지 않니? 그래 바로 그들이야."

"야!"

"얘들아, 봐" 하고 웬디가 위로 손을 가리키며 말한다. "아직도 창문이 열려 있어. 야, 이제 우리는 우리의 성실성에 대한 보답으로 엄마의 사랑을 받게 될 거야. 그리고 나서 그들은 위로 날아 올라가 엄마 아빠에게로 간다. 그 행복한 정경은 말로 형용할 수 없기에 이제 가리개를 덮는다."

형용: 사물의 생긴 모양을 설명함

they felt they could afford to be callous for a bit longer.

But there was one there who knew better; and when Wendy finished he uttered a hollow groan.

"What is it, Peter?" she cried, running to him, thinking he was ill. She felt him solicitously, lower down than his chest. "Where is it, Peter?"

"It isn't that kind of pain," Peter replied darkly.

"Then what kind is it?"

"Wendy, you are wrong about mothers."

They all gathered round him in affright, so alarming was his agitation; and with a fine candour he told them what he had hitherto concealed.

"Long ago," he said, "I thought like you that my mother would always keep the window open for me; so I stayed away for moons and moons and moons, and then flew back; but the window was barred, for mother had forgotten all about me, and there- was another little boy sleeping in my bed."

I am not sure that this was true, but Peter thought it was true; and it scared them.

"Are you sure mothers are like that?"

"Yes."

So this was the truth about mothers. The toads!

---

utter: 전적인, 절대적인, 완전한 groan: 신음하다, 괴로워하다 solicitously: 걱정스럽게, 염려스럽게 agitation: 동요, 선동, 흥분 candour: 공평 무사, 정직 conceal: 숨기다, 내색하지 않다 bar: 막대기, 빗장 scare: 깜짝 놀라게 하다, 위협하다 toad: 두꺼비, 보기싫은 놈

실제로 엄마들의 사랑에 대한 그들의 신념은 대단하였기에 그들은 조금더 무관심할 수 있었다.

그러나 조금 더 현명한 사람이 하나 있었으며, 웬디가 이야기를 마치자 그가 깊은 한숨을 내쉬었다.

"왜 그러니, 피터?" 그가 아프기라도 하는 것이 아닌가 하여 그에게로 다가가며 그녀가 소리쳤다. 그녀는 그가 걱정스러울 정도로 가슴이 답답해한다고 느꼈다. "대체 어디가 아픈 거니, 피터?"

"어디가 아픈 게 아냐." 피터가 침울하게 말하였다.

"그럼, 왜 그러는 거니?"

"웬디, 너는 엄마들에 대해 잘못 생각하고 있어."

그의 주장이 매우 놀라운 것이었기에 그들은 놀라며 모두 그의 주위로 모여들었고, 그는 매우 솔직하게 그가 지금까지 숨겨 왔던 것에 대해 이야기를 하였다.

"오래 전에는," 그가 말하였다. "나도 너처럼 내 엄마가 나를 위해 항상 창문을 열어 놓을 것이라고 생각했어. 그래서 나는 아주 오랫동안 밖에서 지내다가 다시 돌아갔어. 그러나 엄마는 나에 대한 모든 것을 잊고 있었기 때문에 창문은 닫혀 있었고 내 침대에는 다른 어린애가 누워 있었어."

나는 이 이야기가 사실인지 아닌지를 모르는데, 피터는 그것이 사실이라고 생각했으며, 그것은 모두를 놀라게 하였다.

"너는 엄마들이 그렇다고 확신하니?"

"그래."

침울: 마음에 근심스러운 일이 있어서 쾌활하지 못함

Still it is best to be careful; and no one knows so quickly as a child when he should give in. "Wendy, let us go home," cried John and Michael together.

"Yes," she said, clutching them.

"Not to-night?" asked the lost boys bewildered. They knew in what they called their hearts that one can get on quite well without a mother, and that it is only the mothers who think you can't.

"At once," Wendy replied resolutely, for the horrible thought had come to her: "Perhaps mother is in half mourning by this time."

This dread made her forgetful of what must be Peter's feelings, and she said to him rather sharply, "Peter, will you make the necessary arrangements?"

"If you wish it," he replied, as coolly as if she had asked him to pass the nuts.

Not so much as a sorry-to-lose-you between them! If she did not mind the parting, he was going to show her, was Peter, that neither did he.

But of course he cared very much; and he was so full of wrath against grown-ups, who, as usual, were spoiling everything, that as soon as he got inside his tree he breathed intentionally quick short breaths at the rate of

---

clutch: 붙잡다, 꽉 잡음 bewilder: 당황하게 하다 nuts: 견과 spoil: 망치다, 상하게 하다

그래서 엄마들에 대해 이 이야기는 사실이 되었다. 어리석기는!

조심을 해야만 했으며, 아이들은 그 누구보다도 언제 굴복할 때인지를 아는데 눈치가 빠르다. "웬디, 집으로 돌아가자." 존과 마이클이 동시에 소리쳤다.

"그러자." 그들을 부둥켜안으며 그녀가 말했다.

"오늘밤은 아니지?" 소년들이 당황해 하며 물었다. 그들은 마음속으로 누구나가 엄마가 없이도 잘 살 수 있으며, 그렇지 않다고 생각하는 사람은 엄마들뿐이라는 것을 알고 있었다.

"아마 엄마는 이때쯤 조금만 걱정하고 있어." 무서운 생각이 들었기 때문에 "지금 갈거야."라고 단호하게 말했다.

이런 무서움은 피터가 무엇을 생각하고 있는지에 대해 그녀가 인식하지 못하게 하였으며, 그녀는 피터에게 약간 날카롭게 말하였다. "피터, 떠날 준비 좀 해주겠니?"

"원한다면."이라고 마치 그녀가 견과를 좀 건네달라고 부탁한 것마냥 무심하게 그가 말했다.

그들 사이에 신경써 주지 못해 미안하다는 그런 것조차 없다니! 만약 그녀가 떠나는 것에 신경을 쓰지 않는다면, 피터라도 신경을 써 주어야 할텐데, 그는 그렇게 하지 않았다.

그렇지만 그는 물론 신경을 많이 쓰긴 썼다. 그는 항상 모든 것을 망쳐 놓는 어른들에 대해 반감이 많았으며, 그의 나무로 들어가자마자 그는 의도적으로 일초에 한 번꼴의 빠르고 짧은 숨을 쉬었다. 네버랜드에는 한 번 숨쉴 때마다 어른이 한 명

인식: 사물을 바르게 알고 이해하는 일
반감: 반항하는 마음, 반발하는 감정

about five to a second. He did this because there is a saying in the Neverland that, every time you breathe, a grown-up dies; and Peter was killing them off vindictively as fast as possible.

Then having given the necessary instructions to the redskins he returned to the home, where an unworthy scene had been enacted in his absence. Panic-stricken at the thought of losing Wendy the lost boys had advanced upon her threateningly.

"It will be worse than before she came," they cried.

"We shan't let her go."

"Let's keep her prisoner."

"Ay, chain her up."

In her extremity an instinct told her to which of them to turn.

"Tootles," she cried, "I appeal to you."

Was it not strange? She appealed to Tootles, quite the silliest one.

Grandly, however, did Tootles respond. For that one moment he dropped his silliness and spoke with dignity.

"I am just Tootles," he said, "and nobody minds me. But the first who does not behave to Wendy like an English gentleman I will blood him severely."

---

vindictively: 복수심에 차, 원한을 품고 instruction: 교수, 교훈, 가르침 enact: 제정하다, 규정하다 extremity: 말단, 곤경, 극단책 instinct: 직관, 직감, 본능 dignity: 존엄, 위엄, 품위

죽는다는 속담이 있었으며 그래서 피터는 원한으로 최대한으로 빨리 그들을 죽이고 있었다.

그리고 나서 원주민들에게 필요한 지시를 한 후 그는 집으로 돌아왔는데 그곳에서는 그가 없는 동안 쓸데없는 광경이 연출되고 있었다. 웬디를 잃게 된다는 공포에 사로잡혀 소년들이 위협하듯 그녀에게 다가서고 있었다.

"그녀가 오기 전보다 상황이 더욱 나빠질 거야." 그들이 소리쳤다.

"그녀가 가게 내버려둘 수 없어."

"그녀를 감옥에 가둬 버리자."

"그래. 그녀를 묶자."

그녀는 극한 상황 속에서 본능적으로 누굴 의지해야 할지를 알았다.

"투틀스, 부탁해." 그녀가 소리쳤다.

이상하지 않은가? 그녀가 가장 보잘것 없는 투틀스에게 부탁을 하다니.

그러나 투틀스가 당당하게 응답하였다. 그 순간 그는 그의 어리석음에서 벗어나 위엄 있게 말하였다.

"나는 단지 투틀스일 뿐이야. 누구도 나를 신경쓰지 않는다. 그러나 맨 먼저 웬디에게 영국 신사답게 행동하지 않는 사람은 내가 아주 혼내 주겠어."

그는 단도를 뽑아 들었으며, 바로 그 순간 태양은 정오를 가리키고 있었다. 다른 소년들이 불안하게 뒤로 물러섰다. 그 때

He drew his hanger; and for that instant his sun was at noon. The others held back uneasily. Then Peter returned and they saw at once that they would get no support from him. He would keep no girl in the Neverland against her will.

"Wendy," he said, striding up and down, "I have asked the redskins to guide you through the wood, as flying tires you so."

"Thank you, Peter."

"Then," he continued, in the short sharp voice of one accustomed to be obeyed, "Tinker Bell will take you across the sea. Wake her, Nibs."

Nibs had to knock twice before he got an answer, though Tink had really been sitting up in bed listening for some time.

"Who are you? How dare you? Go away," she cried.

"You are to get up, Tink," Nibs called, "and take Wendy on a journey."

Of course Tink had been delighted to hear that Wendy was going; but she was jolly well determined not to be her courier, and she said so in still more offensive language. Then she pretended to be asleep again.

"She says she won't," Nibs exclaimed, aghast at such

---

hanger: (허리춤에 차는) 단도 stride: 큰 걸음으로 활보하다 aghast: 깜짝 놀라, 혼비백산하여

피터가 돌아왔으며 그들은 즉시 그에게서 도움을 기대할 수 없음을 알았다. 그는 소녀들이 자기들의 의지에 반하여 섬에 있게 하지는 않았다.

"웬디," 위 아래를 활보하며 그가 말했다. "날아가면 매우 피곤할까봐 내가 원주민들에게 네가 숲을 가로질러 가는 것을 안내해 달라고 요청했어."

"고마워, 피터."

"그리고," 복종하는데 익숙해진 사람의 짧고 날카로운 목소리로 그가 계속 말했다. "팅커벨이 너를 바다 건너로 데려다 줄 거야. 그녀를 깨워, 닙스."

팅커벨은 한동안 이야기를 들으며 앉아 있었으나, 그녀의 응답을 듣기 위해 닙스는 두 번이나 노크를 해야만 했다.

"누구야? 누가 감히? 꺼져." 그녀가 소리쳤다.

"일어나, 팅크. 웬디의 여행을 도와줘." 닙스가 말했다.

물론 팅크는 웬디가 가려 하는 것을 듣고 기뻐하였다. 그러나 그녀의 수행원이 되지 않기를 바랐으며, 그래서 그녀는 더욱 공격적인 언사로 그렇게 말하였다. 그리고 나서 그녀는 다시 잠자는 시늉을 하였다.

"가고 싶지 않대." 그러한 불손에 놀라 하며 닙스가 소리쳤으나 피터는 단호하게 그 작은 숙녀의 침실로 갔다.

"팅크." 그가 소리쳤다. "일어나 옷을 입지 않으면 내가 바로 커튼을 열어 버리겠다. 그러면 우리는 네가 속옷 차림으로 있는 꼴을 보게 될 것이다."

수행원: 높은 지위에 있는 사람을 따라다니며 돕거나 신변을 보호하는 사람
언사: 말

insubordination, whereupon Peter went sternly toward the young lady's chamber.

"Tink," he rapped out, "if you don't get up and dress at once I will open the curtains, and then we shall all see you in your ne'gligee."

This made her leap to the floor. "Who said I wasn't getting up?" she cried.

In the meantime the boys were gazing very forlornly at Wendy, now equipped with John and Michael for the journey. By this time they were dejected, not merely because they were about to lose her, but also because they felt that she was going off to something nice to which they had not been invited. Novelty was beckoning to them as usual.

Crediting them with a nobler feeling Wendy melted.

"Dear ones," she said, "if you will all come with me I feel almost sure I can get my father and mother to adopt you."

The invitation was meant specially for Peter, but each of the boys was thinking exclusively of himself, and at once they jumped with joy.

"But won't they think us rather a handful?" Nibs asked in the middle of his jump.

"Oh no," said Wendy, rapidly thinking it out, "it will

---

insubordination: 불충(不忠) forlornly: 고독하게, 쓸쓸하게 novelty: 신기함 beckon: 유혹하다 exclusively: 배타적으로, 독자적으로 handful: 귀찮은 존재

이 말에 그녀는 마루로 뛰어나왔다. "누가 안 일어난대?" 그녀가 소리쳤다.

그러는 동안 소년들은 이제 존, 마이클과 함께 여행 준비를 한 웬디를 쓸쓸하게 바라보았다. 그녀를 잃게 될 뿐만 아니라, 그녀가 그들은 가보지 못한 어떤 좋은 곳으로 떠나려 한다고 느꼈기에 지금까지도 소년들은 우울해 하고 있었다. 평상시처럼 신기한 것이 그들을 유혹하고 있었다.

그들이 더욱 고상한 감정을 가지고 있다고 생각하며 웬디는 마음이 약해졌다.

"얘들아," 그녀가 말했다. "너희 모두가 나와 함께 간다면 아빠 엄마가 너희를 양자로 삼게 할 수 있을 거야."

그 초대는 특히 피터를 향한 것이었는데, 소년들은 각자 자신을 향한 것인 줄로 알고 기뻐 날뛰었다.

"그렇지만 그들이 우리를 귀찮게 여기지는 않을까?"라고 뛰다 말고 닙스가 물었다.

"오, 아니야." 즉시 그것에 대해 생각하며 웬디가 말했다. "거실에 침대 몇 개만 더 있으면 돼. 첫 번째 목요일에는 그것들을 벽뒤로 숨길 수도 있다고."

"피터, 우리 가도 되니?" 그들 모두가 간청하며 소리쳤다. 그들은 그들이 가게 되면 피터도 당연히 가는 줄로 여겼으나 실제로는 그들은 그에 대해 거의 신경을 쓰지 않았다. 그런 식으로 아이들이란 신기한 것이 찾아오면 그들의 소중한 것들을 쉽게 버리게 되는 것이다.

간청: 간절히 청함

only mean having a few beds in the drawing room; they can be hidden behind the screens on first Thursdays."

"Peter, can we go?" they all cried imploringly. They took it for granted that if they went he would go also, but really they scarcely cared. Thus children are ever ready, when novelty knocks, to desert their dearest ones.

"All right," Peter replied with a bitter smile; and immediately they rushed to get their things.

"And now, Peter," Wendy said, thinking she had put everything right, "I am going to give you your medicine before you go." She loved to give them medicine, and undoubtedly gave them too much. Of course it was only water, but it was out of a calabash, and she always shook the calabash and counted the drops, which gave it a certain medicinal quality. On this occasion, however, she did not give Peter his draught, for just as she had prepared it, she saw a look on his face that made her heart sink.

"Get your things, Peter," she cried, shaking.

"No," he answered, pretending indifference, "I am not going with you, Wendy."

"Yes, Peter."

"No."

To show that her departure would leave him unmoved

---

implorningly: 탄원하며, 간청하며　grant: 승인하다, 허가하다, 시인하다
desert: 버리다　calabash: 호리병(박)　indifference: 무관심

"좋아." 쓴웃음을 지으며 피터가 대답했으며 즉시 그들은 그들의 준비물을 챙겼다.

"그리고 지금 말야, 피터." 모든 것이 준비되었다고 생각하며 웬디가 말했다. "네가 가기 전에 너에게 약을 주고 싶어." 그녀는 그들에게 기꺼이 약을 주었으며 분명히 그들에게 아주 많이 주었다. 물론 그것은 물에 지나지 않았으며 그 물은 호리병에서 따른 물이었고 그녀는 항상 호리병을 흔들어 물방울 수를 세었다. 그렇게 하면 일정한 투약량을 만들 수 있었던 것이다. 그러나 그녀는 지금은 피터에게 이 물을 주지 않았다. 왜냐하면 그녀가 준비하자마자 그녀는 가슴을 내려앉게 하는 그런 그의 얼굴을 보았기 때문이다.

"네 약을 먹어, 피터." 약을 흔들며 그녀가 말했다.

"싫어." 무관심한 체하며 그가 대답했다. "나는 너와 함께 가지 않을 거야. 웬디."

"같이 가자, 피터."

"싫어."

그녀가 떠나도 그를 움직일 수 없다는 것을 보여주기 위해 그는 무심한 듯 파이프를 물고 방을 아래위로 뛰어다녔다. 그녀는 비록 우아하지 못한 행동이었으나 그를 좇아 뛰어야만 했다.

"네 엄마를 찾아." 웬디가 달래었다.

이제, 피터는 전에는 엄마가 있었다 해도 더이상 그녀를 그리워하지 않았다. 그는 엄마 없이도 잘해 낼 수 있었다. 그는

he skipped up and down the room, playing gaily on his heartless pipes. She had to run about after him, though it was rather undignified.

"To find your mother," she coaxed.

Now, if Peter had ever quite had a mother, he no longer missed her. He could do very well without one. He had thought them out, and remembered only their bad points.

"No, no," he told Wendy decisively; "perhaps she would say I was old, and I just want always to be a little boy and to have fun."

"But, Peter."

"No."

And so the others had to be told.

"Peter isn't coming."

Peter not coming! They gazed blankly at him, their sticks-over their backs, and on each stick a bundle. Their first thought was that if Peter was not going he had probably changed his mind about letting them go.

But he was far too proud for that. "If you find your mothers," he said darkly, "I hope you will like them."

The awful cynicism of this made an uncomfortable impression, and most of them began to look rather doubtful.

---

gaily: 즐겁게, 활기차게 coax: 달래다, 어르다, 유혹하다 miss: 그리워하다 decisively: 단호하게 blankly: 공허하게 bundle: 꾸러미 cynicism: 냉소, 비꼬는 말

그들의 생각을 지워버렸으며 단지 그들의 나쁜 점만을 기억하였다.

"아니야, 안 할래." 그가 웬디에게 단호하게 말하였다. "그녀는 어쩌면 내가 늙었다고 말할지도 몰라, 나는 단지 항상 어린 아이인 채로 재미있게 지내고 싶어."

"그렇지만, 피터."

"아니야."

그래서 다른 아이들에게도 말을 해야 했다.

"피터는 가지 않을 거야."

피터는 가지 않는다고! 각자 꾸러미가 매달려 있는 막대를 등에 맨 채 그들은 망연히 그를 바라보았다. 그들이 맨 먼저 생각한 것은 만약 피터가 가지 않으면 그들을 가도록 한 그의 마음이 바뀔지도 모른다는 것이었다.

그러나 그는 너무 자존심이 세어서 그렇게 할 수 없었다. "너희 엄마를 찾게 되거든," 그가 침울하게 말하였다. "너희가 그들을 좋아하길 바래."

그 무서운 냉소가 불안한 인상을 주었으며 그들 대부분은 약간 의심스럽게 보기 시작했다.

단호: 결심한 것을 과단성있게 처리하는 모양
망연히: 멀거니 있는 모양

CHAPTER 11

The Children Are Carried Off

THE pirate attack had been a complete surprise. Every foot of ground between the spot where Hook had landed his forces and the home under the trees was stealthily examined by braves wearing their mocassins with the heels in front. They found only one hillock with a stream at its base, so that Hook had no choice; here he must establish himself and wait for just before the dawn.

It was Pan he wanted, Pan and Wendy and their band, but chiefly Pan.

Peter was such a small boy that one tends to wonder at the man's hatred of him. True he had flung Hook's arm to the crocodile; but even this and the increased insecurity of life to which it led, owing to the crocodile's pertinacity hardly account for a vindictiveness so relentless and malignant. The truth is that there was a something about Peter which goaded the pirate captain to frenzy. It was not his courage, it was not his engaging appearance, it was not—. There is no beating about the bush, for we know quite well what it was, and have got to tell. It was Peter's

---

stealthily: 비밀의, 살금살금 하는 hillock: 낮은 산 establish: 설립하다, 제정하다 chiefly: 주로, 대개 insecurity: 불안정, 위험 vindictiveness: 복수심, 앙심 relentless: 잔인한, 냉혹한 malignant: 악의가 있는, 해로운 goad: 부추기다, 선동하다 frenzy: 격앙시키다, 격노케하다

제 11 장
아이들이 납치되다

해적들의 공격은 완전한 기습이었다. 후크가 당도하는 모든 땅위의 발자국마다 그의 부하들이 있었다. 지하 가옥은 앞쪽에 높은 굽이 달린 인디언 신발을 신은 용사들의 의해서 세심하게 조사되고 있었다. 그들은 그 근처에서 작은 시내가 있는 언덕을 발견하였다. 그렇다면 후크에게 선택의 여지는 없었다. 그는 여기에서 진지를 세우고 새벽이 오기 직전까지 기다려야만 한다.

그가 원했던 것은 피터팬이었다. 피터팬과 웬디, 그리고 그들의 아이들, 그러나 주된 목표는 피터팬이었다.

피터팬은 너무나 조그마한 소년이었기 때문에 사람들은 그를 증오하는 사람들에 대해서 이해할 수 없을 것이다. 사실 그가 후크의 팔을 악어에게 던져 주었고 이런 사실과, 계속되는 후크의 생명의 위협은 악어의 집요함 때문이지 그것이 그렇게 잔인하고 악의에 찬 후크의 복수심을 이해시켜 주지는 않는다. 진정한 대답이 될 수 있는 것은 해적 선장을 미치도록 만드는 피터에게 있는 어떤 것이다. 그것은 그의 용기도 아니고 그의 간섭도 아니었다. 그것은 요점을 피해 가는 내용이다. 왜냐하면 우리는 그것이 무엇인지 너무나 잘 알고 있기 때문인데 그것을 말해 주겠다. 그것은 바로 피터의 장난과 자만심이었다.

집요: 고집스럽게 끈질김

cockiness.

This had got on Hook's nerves; it made his iron claw twitch, and at night it disturbed him like an insect. While Peter lived, the tortured man felt that he was a lion in a cage into which a sparrow had come.

The question now was how to get down the trees, or how to get his dogs down? He ran his greedy eyes over them, searching for the thinnest ones. They wriggled uncomfortably, for they knew he would not scruple to ram them down with poles.

In the meantime, what of the boys? We have seen them at the first clang of the weapons, turned as it were into stone figures, open-mouthed, all appealing with outstretched arms to Peter, and we return to them as their mouths close, and their arms fall to their sides. The pandemonium above has ceased almost as suddenly as it arose, passed like a fierce gust of wind; but they know that in the passing it has determined their fate.

Which side had won?

The pirates, listening avidly at the mouths of the trees, heard the question put by every boy, and alas, they also heard Peter's answer.

"If the redskins have won," he said, "they will beat the

---

cockiness: 잘난 체 함, 건방짐 twitch: 잡아당기다, 경련을 일으키다
sparrow: 참새 wriggle: 꿈틀거리다, 꾸불대다 scruple: 양심의 가책, 망설임
pandemonium: 복마전, 지옥, 대혼란 avidly: 탐욕스럽게, 욕심많게

이것이 후크의 신경을 건드리는 것이었다. 이것이 후크의 쇠갈고리를 경련시키게 만들었으며 밤에는 그것이 벌레처럼 그를 괴롭혔다. 피터가 살아 있는 동안 그 고통받는 인간은 참새나 들어가는 새장 속에 갇힌 사자라고 느꼈다.

문제는 이제 어떻게 나무를 점령하고 그의 부하들은 굴복시키는가이다. 그는 그의 탐욕스러운 눈으로 그들을 둘러보았고 가장 약은 놈을 찾고 있었다. 그들은 불편하게 몸을 뒤틀며 빠져나가고 있었다. 왜냐하면 그들은 그가 막대기로 그들을 무자비하게 찌를 것이라는 것을 너무나 잘 알고 있었기 때문이다.

그러는 동안 소년들은 뭘하고 있었을까? 우리는 최초로 무기가 쟁그랑 소리를 낼 때 입을 벌린 채 석상처럼 굳어서 모두 피터에게 손을 뻗어 도움을 청하던 모습을 볼 수 있었고 그 뒤 그들의 팔은 모두 제자리로 돌아갔고 위에서 말한 대혼란은 일어나기가 무섭게 강한 돌풍처럼 그쳐 버렸다. 그러나 그들은 그것이 그들의 운명을 예고하고 있다라는 것을 알고 있었다.

어느 쪽이 이길까?

나무의 앞쪽에서 귀를 기울이고 있던 해적들은 모든 소년들이 내던진 질문을 들었다. 그리고 아뿔싸! 그들은 또한 피터의 대답마저 들은 것이다.

"만약 인디언들이 이기면 그들은 큰북을 칠 거야 그건 그들이 승리했을 때 내는 신호거든." 피터가 말했다.

스미는 큰북을 찾아내서, 지금 그 순간에 그 위에 앉아 있었

석상: 돌로 만든 사람이나 동물의 형상

tom-tom; it is always their sign of victory."

Now Smee had found the tom-tom, and was at that moment sitting on it. "You will never hear the tom-tom again," he muttered, but inaudibly of course, for strict silence had been enjoined. To his amazement Hook signed him to beat the tom-tom; and slowly there came to Smee an understanding of the dreadful wickedness of the order. Never, probably, had this simple man admired Hook so much.

Twice Smee beat upon the instrument, and then stopped to listen gleefully.

"The tom-tom," the miscreants heard Peter cry; "an Indian victory."

The doomed children answered with a cheer that was music to the black hearts above, and almost immediately they repeated their good-byes to Peter. This puzzled the pirates, but all their other feelings were swallowed by a base delight that the enemy were about to come up the trees. They smirked at each other and rubbed their hands. Rapidly and silently Hook gave his orders: "one man to each tree, and the others to arrange themselves in a line two yards apart."

---

inaudibly: 알아들을 수 없게, 들리지 않게 gleefully: 매우 기뻐하며, 즐거워하며

다. "너는 결코 큰북 소리를 듣지 못할 거야." 스미가 중얼거렸다. 물론 들리지 않게 말이다. 지금은 아주 고요한 적막감이 감돌고 있어서 조그마한 소리도 들렸기 때문에 말이다. 그런데 놀랍게도 후크 선장은 그에게 큰북을 치라고 신호를 보냈다. 스미는 어리둥절했지만 잠시 후 그는 그 명령에 깃들인 사악함을 깨닫게 되었다. 아마도 이 단순한 인간처럼 후크를 존경하는 사람은 없을 것이다.

스미는 그 큰북을 두 번 쳤다. 그리고 어떻게 되는지 들어보려고 귀를 기울여 보았다.

"큰북 소리다, 인디언들이 이겼다!" 그 극악한 해적들은 피터의 외침을 들었다.

이제 운명이 어떻게 될지 뻔한 아이들은 해적들에게 음악 소리처럼 들리는 환호 소리를 지르며 즉시 피터에게 잘 가라는 인사를 했다. 이것이 해적들을 어리둥절케 했지만 그들은 이제 곧 나무 위로 올라간다는 기쁨에 넘쳐 있었다. 그들은 서로를 바라보며 능글맞은 웃음을 지으며 자신들의 손을 비볐다. 재빠르면서도 조용하게 후크는 그의 부하들에게 명령을 내렸다. "각 나무에 한 명씩 그리고 나머지 사람들은 나무에서 2야드 정도 떨어진 곳에 숨어 있도록 해."

적막: 쓸쓸하고 고요함
사악: 간사하고 악독함

CHAPTER 12
Do You Believe in Fairies?

THE more quickly this horror is disposed of the better. The first to emerge from his tree was Curly. He rose out of it into the arms of Cecco, who flung him to Smee, who flung him to Starkey, who flung him to Bill Jukes, who flung him to Noodler, and so he was tossed from one to another till he fell at the feet of the black pirate. All the boys were plucked from their trees in this ruthless manner; and several of them were in the air at the time, like bales of goods flung from hand to hand.

A different treatment was accorded to Wendy, who came last. With ironical politeness Hook raised his hat to her, and, offering her his arm, escorted her to the spot where the others were being gagged. He did it with such an air, he was so frightfully distingue, that she was too fascinated to cry out.

They were tied to prevent their flying away, doubled up with their knees close to their ears; and for the trussing of them the black pirate had cut a rope into nine equal pieces. All went well until Slightly's turn came, when he

---

emerge: 나타나다, 벗어나다, 드러나다 flung:fling의 과거분사, fling: 돌진하다, 거칠게 말하다 toss: (가볍게)던지다 pluck: 잡아뜯다, 끌어당기다 ruthless: 무자비한, 냉혹한 ironical: 비꼬는, 반어적인 escort: 호위하다 spot: 장소, 지점 gag: 재갈을 물리다, 메스껍게 하다 truss: 다발, 지붕틀

제 12 장
여러분은 요정을 믿나요?

아주 빠르게 이 잔혹한 일들이 잘 진행되었다. 그의 나무에서 제일 먼저 나온 사람은 컬리였다. 그는 치코의 팔에 잡혀서 그의 나무에서 끌려나왔는데 치코는 그를 스미에게 던졌으며, 스미는 스타키에게, 스타키는 빌 쥬크에게, 빌 쥬크는 누들러에게 그를 던졌으며, 그래서 그는 그 흑인 해적의 발 밑에 떨어질 때까지 이 사람에게서 저 사람에게로 던져졌다. 모든 소년들이 이런 무자비한 방법으로 그들의 나무에서 끌려나 왔으며 그들 중 몇은 한동안 상품 꾸러미처럼 이 손에서 저 손으로 던져지며 공중에 떠 있었다.

마지막으로 나온 웬디에게는 다른 취급을 했다. 어울리지 않게 예의바르게 후크는 그녀에게 모자를 벗어 인사를 하였으며 팔을 내밀며 그녀를 다른 소년들이 재갈을 물고 있는 곳까지 호위하였다. 그가 매우 품위 있게 하였기에 그는 몹시 점잖았으며 그래서 웬디는 매우 황홀해져서 아무 소리도 지를 수 없었다.

그들은 날아서 도망가지 못하도록 묶여지고 무릎이 귀 가까이 가게 구부려졌으며 그들을 두 팔을 묶어 몸통에 매기 위하여 흑인 해적이 로프를 똑같은 길이로 아홉 개를 잘랐다. 슬라

잔혹: 잔인하고 혹독함
재갈: 말을 몰거나 제어하기 위해 입에 무리는 쇠토막

was found to be like those irritating parcels that use up all the string in going round and leave no tags with which to tie a knot. The pirates kicked him in their rage, just as you kick the parcel (though in fairness you should kick the string); and strange to say it was Hook who told them to belay their violence. His lip was curled with malicious triumph. While his dogs were merely sweating because every time they tried to pack the unhappy lad tight in one part he bulged out in another, Hook's master mind had gone far beneath Slightly's surface, probing not for effects but for causes, and his exultation showed that he had found them. Slightly, white to the gills, knew that Hook had surprised his secret, which was this, that no boy so blown out could use a tree wherein an average man need stick. Poor Slightly, most wretched of all the children now, for he was in a panic about Peter bitterly regretted what he had done. Madly addicted to the drinking of water when he was hot, he had swelled in consequence to his present girth, and instead of reducing himself to fit his tree he had, unknown to the others, whittled his tree to make it fit him.

Sufficient of this Hook guessed to persuade him that Peter at last lay at his mercy; but no word of the dark

---

tag: (늘어뜨린) 끝부분 knot: 매듭, 무리 rage:격노, 분노, 열망 belay: 밧줄을 매다, (명령을)취소하다 malicious: 악의있는, 심술궂은 bulge out: 부풀리다, 불룩하게 하다 exultation: 몹시 기뻐함 wherein: 어디에, 어떤 점으로 girth: 몸통 둘레의 치수 whittle: (나무를)조금씩 깍다, 베다

이틀리의 차례가 되기까지는 모든 것이 잘되었으나 그의 차례가 되었을 때 그는 몸통을 두르는 데에만도 끈을 다 써 버려 매듭을 지을 끝 부분이 없는 귀찮은 꾸러미 같은 것으로 여겨졌다. 해적들은 화가 나서 여러분들이 꾸러미를 차듯(공정하게 한다면, 여러분은 끈을 차겠지만) 그를 발로 차 버렸으며, 이상한 말이지만, 폭력을 그만두라고 말한 사람은 바로 후크였다. 그의 입술은 사악한 승리로 뒤틀려 있었다. 한쪽에서 그 불쌍한 사내아이를 꽉 조여 묶으려고 할 때마다 그가 다른 쪽을 부풀리는 바람에 그의 졸개들이 헛되이 수고를 했다. 후크의 주 관심사는 결과가 아니라 원인을 찾기 위해 슬라이틀리의 표정에 가 있었으며, 기뻐하는 그의 모습은 그것을 발견하였다는 것을 보여 주는 것이다. 슬라이틀리는 혈색이 창백하게 변하며 후크가 그의 비밀에 놀랐다는 것을 알았는데, 그의 비밀이란 그렇게 뚱뚱한 소년은 보통의 어른이 꼭 껴서 들어갈 수 없게 하는 나무를 사용하지는 않을 것이라는 것이다. 가장 가련한 슬라이틀리는 피터에 대해 염려하고 있기 때문에 지금 모든 아이들 중에서 그가 한 일을 몹시 후회하였다. 몸이 더울 때 물을 몹시 마셔댔기 때문에 결국 그는 현재만큼 뚱뚱해졌으며, 그의 나무에 그의 몸이 적합하게 하는 대신에, 다른 소년들은 모르게, 그에게 맞게 나무를 깎아내었다.

후크는 피터가 마침내 자신의 손아귀에 있다고 설득하는 데에는 이 정도면 충분하다고 추측하였다. 그러나 그의 마음 저

design that now formed in the subterranean caverns of his mind crossed his lips; he merely signed that the captives were to be conveyed to the ship, and that he would be alone.

How to convey them? Hunched up in their ropes they might indeed be rolled down hill like barrels, but most of the way lay through a morass. Again Hook's genius surmounted difficulties. He indicated that the little house must be used as a conveyance. The children were flung into it, four stout pirates raised it on their shoulders, the others fell in behind, and singing the hateful pirate chorus the strange procession set off through the wood. I don't know whether any of the children were crying; if so, the singing drowned the sound; but as the little house disappeared in the forest, a brave though tiny jet of smoke issued from its chimney as if defying Hook.

Hook saw it, and it did Peter a bad service. It dried up any trickle of pity for him that may have remained in the pirate's infuriated breast.

The first thing he did on finding himself alone in the fast falling night was to tiptoe to Slightly's tree, and make sure that it provided him with a passage. Then for long he remained brooding; his hat of ill omen on the sward, so

---

subterranean:지하의, 아래의 cavern: 동굴 hunch:(등을)활 모양으로 구부리다 morass:소택지, 늪 surmount:극복하다, 이겨내다 stout:건장한, 억센 drown: 큰소리로 작은 소리를 덮어 버리다 defy:도전하다, 반항하다 dry up: 말려 버리다 trickle:점적, 방울 infuriate:격노시키다, 노하게 하다 sward:초지, 잔디

아래에서 형성된 그 음흉한 계획에 대해서는 한 마디도 하지 않았다. 그는 단지 포로들을 배로 옮겨 갈 것과 그는 혼자 남아 있을 것임을 지시하였다.

그들을 어떻게 옮겨갈까? 로프에 묶여 등을 구부린 채 통처럼 언덕을 굴러 내려갈 수 있지만 길은 늪으로 나 있었다. 다시 한번 후크의 천재성이 어려움을 극복하였다. 그는 그 작은 집을 운반 수단으로 사용할 것을 지시하였다. 아이들이 그 속으로 던져졌으며 네 명의 건장한 해적이 집을 들어 어깨에 매고, 나머지 해적들은 뒤를 따르며 소름끼치는 해적 노래를 부르며 그 이상한 행렬이 숲을 가로질러 갔다. 아이들 중 누가 울고 있는지 알 수 없지만 설령 울고 있다 할지라도 울음소리는 해적의 노래소리에 파묻혔다. 그런데 그 작은 집이 숲속으로 사라질 때, 한 용사가, 비록 작은 연기의 분출에 지나지 않지만, 후크에게 대항하기라도 하듯 굴뚝에서 솟아올랐다.

후크가 그것을 보았으며 그것은 피터에게 나쁘게 작용하였다. 그것이 그 해적의 격노한 가슴속에 남아 있었을지도 모를 어떤 동정심은 메마르게 한 것이다.

빠르게 깔려 오는 그날 밤에, 혼자인 것을 깨닫고 그가 처음으로 한 것은 슬라이틀리의 나무로 조용히 발끝으로 걸어가서 그것이 그에게 통로가 될 수 있는 것인지를 확인하는 것이었다. 그러고 나서 그는 한동안 생각에 잠겨 있었다. 불길한 징조인 그의 모자는 풀 위에 놓여 있어서 미풍에 그의 머리는 상쾌

분출: 뿜어 나옴
격노: 격렬하게 화를 냄

that a gentle breeze which had arisen might play refreshingly through his hair. Dark as were his thoughts his blue eyes were as soft as the periwinkle. Intently he listened for any sound from the nether world, but all was as silent below as above; the house under the ground seemed to be but one more empty tenement in the void. Was that boy asleep, or did he stand waiting at the foot of Slightly's tree, with his dagger in his hand?

There was no way of knowing, save by going down. Hook let his cloak slip soıtly to the ground, and then biting his lips till a lewd blood stood on them, he stepped into the tree. He was a brave man; but for a moment he had to stop there and wipe his brow, which was dripping like a candle. Then silently, he let himself go into the unknown.

He arrived unmolested at the foot of the shaft, and stood still again, biting at his breath, which had almost left him. As his eyes became accustomed to the dim light various objects in the home under the trees took shape; but the only one on which his greedy gaze rested, long sought for and found at Last, was the great bed. On the bed lay Peter fast asleep.

Unaware of the tragedy being enacted above, Peter had

---

periwinkle:페리윙클(협죽도과의 식물) intently:열심히, 오로지, 일사불란하게 nether:아래의 tenement:집, 건물 void:텅 비어 있음, 공허함 lewd: 추잡한, 더러운, 외설적인 wipe:닦다, 지우다 brow:이마 drip:뚝뚝 떨어지다, 흠뻑 젖다 unmolested:방해받지 않은,평온한 shaft: 손잡이, 구멍, 통로 enact:행하다

해질 수 있었다. 그의 생각은 어두웠지만 그의 파란 눈은 페리윙클만큼 부드러웠다. 그가 열심히 아래에서 들려 오는 소리에 귀를 기울였으나 모든 것이 조용하였다. 아래의 집은 단지 텅 비어 있는 빈집인 것 같았다. 그 소년은 잠이 들어 있는 것일까, 아니면 단도를 손에 꿰찬 채 슬라이틀리의 나무에서 들려 오는 발자국 소리를 기다리며 서 있는 것일까?

아래로 내려가 보지 않고는 알 방법이 없었다. 후크는 그의 외투를 부드럽게 바닥에 던지며 더러운 피가 맺힐 때까지 입술을 깨물며 나무 속으로 들어갔다. 그는 용감한 사람이었지만, 한동안 거기에 멈춰서 양초처럼 흠뻑 젖은 그의 이마를 닦아야만 했다. 그리고 나서 조용히 그는 미지의 세계로 들어갔다.

그는 방해를 받지 않고 통로의 바닥에 도달하였으며 숨을 죽이며 다시 조용히 서 있었다. 그의 눈이 희미한 빛에 익숙해지자 나무 아래 집안의 여러 가지 물건들이 눈에 들어왔는데, 오랫동안 찾아 헤맨 끝에, 마침내 발견하곤 그의 탐욕스러운 눈길이 머문 곳은 그 커다란 침대였다. 침대 위에는 피터가 곤히 잠든 채 누워 있었다.

위에서 일어난 비극을 알아차리지 못한 채 피터는 아이들이 나간 후 한동안 파이프를 즐겁게 불었다. 이것은 확실히 자신을 돌보지 않는다는 것을 증명하려는 고독한 시도였다. 그러고 나서 웬디가 걱정하도록 약을 먹지 않기로 결심하였다. 그리고 나서 그녀가 더욱 걱정하게 하려고 침대 이불을 밖으로 차 놓

continued, for a little time after the children left, to play gaily on his pipes: no doubt rather a forlorn attempt to prove to himself that he did not care. Then he decided not to take his medicine, so as to grieve Wendy. Then he lay down on the bed outside the coverlet, to vex her still more.

Thus defenseless Hook found him. He stood silent at the foot of the tree looking across the chamber at his enemy. Did no feeling of compassion disturb his sombre breast? The man was not wholly evil; he loved flowers (I have been told) and sweet music (he was himself no mean performer on the harpsichord); and, let it be frankly admitted, the idyllic nature of the scene stirred him profoundly. Mastered by his better self he would have returned reluctantly up the tree, but for one thing.

What stayed him was Peter's impertinent appearance as he slept. The open mouth, the drooping arm, the arched knee: they were such a personification of cockiness as, taken together, will never again one may hope be presented to eyes so sensitive to their offensiveness. They steeled Hook's heart. If his rage had broken him into a hundred pieces every one of them would have disregarded the incident, and leapt at the sleeper.

---

forlorn: 버림받은, 고독한, 쓸쓸한, 희망없는 coverlet: 침대의 덮개, 이불 vex: 짜증나게(애타게)하다, 괴롭히다 defenseless: 방비없는, 방어할 수 없는 harpsichord: 하프시코스(16~18C에 쓰인 건반악기) idyllic:아주 좋은, 전원적인 personification: 인격화, 의인화, 구현

은 채 침대에 누웠다.

그렇게 무방비로 있는 그를 후크가 발견하였다. 그는 방을 가로질러 피터를 바라보며 나무 아래에 조용히 서 있었다. 동정심이 그의 음흉한 마음을 혼란스럽게 하고 있는 것으로 보아 그 남자는 완전한 악인은 아니었다. 그는 꽃을 사랑하였으며 (나는 그런 말을 들었었다) 달콤한 노래들을 사랑하였다.(그 자신은 결코 하프시코드의 연주자는 아니었다) 솔직히 시인하자면 그 목가적인 장면이 그를 심오하게 흥분시켰다. 자아에 의해 억눌려졌더라면, 그는 한 가지를 위해 마지 못해 나무 위로 돌아왔을 것이다.

그를 멈추게 하였던 것은 잘 때의 피터의 건방져 보이는 외모였다. 열린 입과 수그려져 있는 팔, 구부러진 무릎은 건방짐의 구체적 표현이어서, 다시는 한데 어울려 공격성을 불러일으키기 쉬운 시선에 노출되지 않기를 바라게 할 정도였다. 그것이 후크의 마음을 굳게 하였다. 만약 그의 분노가 수백 갈래로 폭발하였다면 그 하나 하나가 경우를 가리지 않고 잠자고 있는 사람에게로 덤벼들었을 것이다.

램프의 빛이 침대를 희미하게 비추고는 있었지만 후크는 어둠 속에 서 있었으며 몰래 앞으로 한 걸음 딛었을 때 장애물, 즉 슬라이틀리의 나무의 문이 나타났다. 문이 틈을 완전하게 메우지 않았으며 그는 그 너머를 응시하였다. 붙잡으려고 하였으나 화가 나게도 너무 낮아서 그의 손이 닿지 않았다. 혼란스

심오: 깊고 오묘함
목가적: 자연 생활처럼 평화롭고 한가한

Though a light from the one lamp shone dimly on the bed Hook stood in darkness himself, and at the first stealthy step forward he discovered an obstacle, the door of Slightly's tree. It did not entirely fill the aperture, and he had been looking over it. Feeling for the catch, he found to his fury that it was low down, beyond his reach. To his disordered brain it seemed then that the irritating quality in Peter's face and figure visibly increased, and he rattled the door and flung himself against it. Was his enemy to escape him after all?

The light guttered and went out, leaving the tenement in darkness, but still he slept. It must have been not less than ten o'clock by the crocodile, when he suddenly sat up in his bed, wakened by he knew not what. It was a soft cautious tapping on the door of his tree.

Soft and cautious, but in that stillness it was sinister. Peter felt for his dagger till his hand gripped it. Then he spoke.

"Who is that?"

For long there was no answer: then again the knock.

"Who are you?"

No answer.

He was thrilled, and he loved being thrilled. In two

---

aperture: 구멍, 틈　rattle: 왈칵 열다, 덜컥 덜컥 움직이다　tenement: 주택, 건물, 보유재산

럽게도 피터의 얼굴과 모습에서 그를 자극하는 것이 증가하는 것처럼 느껴졌다. 그래서 그는 문을 쾅쾅치며 몸을 부딪혔다. 어쨌든 그의 적이 그로부터 빠져나갈 수 있을까?

촛농이 흘러내리더니, 불이 꺼져 집이 깜깜해졌다. 그런데도 그는 계속 잠을 잤다. 그 어떤 알 수 없는 것 때문에 그가 갑자기 그의 침대에서 일어났을 때는 악어의 시계로 적어도 10시는 되었을 것이다. 그의 나무의 문에 부드럽고 조심성이 있는 두들김이 있었다.

부드럽고 조심성이 있었지만 고요함 속에서 그것은 불길한 것이었다. 피터는 단도를 찾아 손에 쥐었다. 그 다음에 그가 말하였다.

"거기 누구냐?"

한동안 아무 대답이 없었다. 그리고 나서 다시 노크가 있었다.

"누구야?"

아무 대답이 없다.

그는 두려웠으며, 두려워지는 것을 좋아했다. 두 걸음 걸어서 그는 문에 이르렀다. 슬라이틀리의 문과는 달리 그의 문은 틈새가 없으며 그래서 그가 문 밖을 볼 수도 없고, 문을 두드리는 사람이 안을 볼 수도 없다.

"네가 말하지 않으면 문을 열지 않겠어." 피터가 소리쳤다.

그러자 마침내 방문객이 아름다운 종소리 같은 목소리로 말

strides he reached his door. Unlike Slightly's door it filled the aperture, so that he could not see beyond it, nor could the one knocking see him.

"I won't open unless you speak," Peter cried.

Then at last the visitor spoke, in a lovely belllike voice.

"Let me in, Peter."

It was Tink, and quickly he unbarred to her. She flew in excitedly, her face flushed and her dress stained with mud.

"What is it?"

"Oh, you could never guess," she cried, and offered him three guesses. "Out with it!" he shouted; and in one ungrammatical sentence, as long as the ribbons conjurers pull from their mouths, she told him of the capture of Wendy and the boys.

Peter's heart bobbed up and down as he listened. Wendy bound, and on the pirate ship; she who loved everything to be just so!

"I'll rescue her," he cried, leaping at his weapons. As he leapt he thought of something he could do to please her.

"And now to rescue Wendy."

The moon was riding in a cloudy heaven when Peter rose from this tree, begirt with weapons and wearing little else, to set out upon his perilous quest. It was not such a

---

belllike:종모양의, 종소리를 닮은 mud: 진흙, 진창 conjurer: 마술사(의), 마법(의) bob: 움직이다

을 하였다.

"들어가게 해줘, 피터."

그것은 팅크였으며 그는 그녀에게 문을 열어 주었다. 그녀가 흥분한 채 안으로 날아 들어왔으며 그녀의 얼굴은 상기되어 있었으며 그녀의 옷에 진흙이 묻어 있었다.

"무슨 일이니?"

"오, 너는 짐작도 할 수 없을 거야." 그녀가 소리치며 세 가지를 짐작해 보라고 하였다. 그는 "나가."라고 문법에 맞지 않게 소리쳤으며, 요술 리본이 풀어지는 동안 그녀가 웬디와 다른 소년들의 납치에 대해 이야기를 해 주었다.

이야기를 듣는 동안 피터는 심장이 두근두근 거렸다. 웬디가 해적선에 묶여 있다. 모든 것을 사랑하는 그녀가 그렇게 되어야 하다니!

"내가 그녀를 구해 내겠어." 그의 무기로 뛰어가며 그가 외쳤다. 뛰면서 그는 그녀를 기쁘게 해 줄 수 있는 것에 대해 생각하였다.

"이제 웬디를 구하러 가자."

위험한 모험을 시작하기 위하여, 무기를 두르고 다른 것을 걸친 채, 피터가 그의 나무에서 나왔을 때에는 하늘에는 구름 사이로 달이 걸려 있었다. 평상시라면 그가 선택하지 않았을 그런 밤이었다. 그는 그 어떤 이상한 것도 시야에서 놓치지 않도록 낮게 날아가고자 하였으나, 그러한 변덕스러운 불빛에서

night as he would have chosen. He had hoped to fly, keeping not far from the ground so that nothing unwonted should escape his eyes; but in that fitful light to have flown low would have meant trailing his shadow through the trees, thus disturbing the birds and acquainting a watchful foe that he was astir.

He regretted now that he had given the birds of the island such strange names that they are very wild and difficult of approach.

There was no other course but to press forward in redskin fashion, at which happily he was an adept. But in what direction, for he could not be sure that the children had been taken to the ship? A slight fall of snow had obliterated all footmarks; and a deathly silence pervaded the island, as if for a space Nature stood still in horror of the recent carnage. He had taught the children something of the forest lore that he had himself learned from Tiger Lily and Tinker Bell, and knew that in their dire hour they were not likely to forget it. Slightly, if he had an opportunity, would blaze the trees, for instance, Curly would drop seeds, and Wendy would leave her handkerchief at some important place. But morning was needed to search for such guidance, and he could not wait. The upper world

---

unwonted: 익숙하지 않은, 이상한 fitful: 발작적인, 일정치 않은, 변덕스러운
foe: 적 astir: 법썩대어, 흥분하여,(be early astir:일찍 일어나다) press:(forward) 서두르다 obliterate: 지우다, 망각하다 pervade: ~에 널리 퍼지다, 스며들다
carnage:살륙, 시체 lore:지식 dire:무서운, 긴박한 blaze:타오르다, 빛나다

는 낮게 날아간다는 것은 그의 그림자를 나무에 끌리게 하여 새들을 깨워 주의 깊은 적들이 눈치채게 하는 것을 의미하였다.

그는 지금 섬의 새들에게 이상한 이름을 붙여서 그들을 매우 난폭하게 하여 접근하기 어렵게 한 것을 후회하였다.

원주민들이 하는 방식처럼 서둘러 앞으로 가는 수 외에는 다른 방법이 없었는데, 다행히도 그는 그런 방식에 익숙하였다. 그러나 아이들이 배로 잡혀 갔는지 확신할 수 없어서 어디로 가야 할지 몰랐다. 살짝 내린 눈이 모든 발자국들을 지워버렸으며, 잠시 자연의 여신이 방금 전의 살륙으로 공포에 질려 가만히 서 있기라도 하는 듯, 무시무시한 침묵이 섬을 뒤덮고 있었다. 그는 타이거 릴리와 팅커벨에게서 배운, 숲속에서의 행동 요령을 아이들에게 가르쳐 주었으며, 그들이 절박한 순간에도 그것을 잊어버리지는 않았을 것이라는 것을 알고 있었다. 예를 들어 만약 기회가 있었다면 슬라이틀리는 나무를 꺾어 놓았을 것이며, 컬리는 씨앗을 흘려 놓았을 것이고 웬디는 몇몇 중요한 위치에 그녀의 손수건을 남겨 놓았을 것이다. 그러한 표시들을 찾기 위해서는 아침이 되어야 했으나 기다릴 수 없었다. 공중으로 날아가고자 하였으나 그것은 아무 도움도 주지 못할 것이었다.

악어가 지나갈 뿐 다른 생명체, 어떤 소리, 어떤 움직임도 없었다. 그러나 그는 갑작스러운 죽음의 엄습이 다음에 지나갈

살륙: 사람을 마구 죽임
절박: 매우 가까이 닥침

had called him, but would give no help.

The crocodile passed him, but not another living thing, not a sound, not a movement; and yet he knew well that sudden death might be at the next tree, or stalking him from behind.

He swore this terrible oath: "Hook or me this time."

Now he crawled forward like a snake, and again, erect, he darted across a space on which the moonlight played: one finger on his lip and his dagger at the ready. He was frightfully happy.

CHAPTER 13

The Pirate Ship

ONE green light squinting over Kidd's Creek, which is near the mouth of the pirate river, marked where the brig, the Jolly Roger, lay, low in the water; a rakish-looking craft foul to the hull, every beam in her detestable like ground strewn with mangled feathers. She was the cannibal of the seas, and scarce needed that watchful eye, for she floated immune in the horror of her name.

She was wrapped in the blanket of night, through which

---

oath: 맹세, 선서 crawl: 기어가다, 포복하다 dagger: 단검 hull: 선체, 기체
mangle: 난도질하는 immune: 면제된, 자유로운

나무에서 기다리고 있거나 뒤에서 살며시 접근하고 있을지도 모른다는 것을 잘 알고 있었다.

그는 다음과 같은 무서운 맹세를 하였다. "이번에야말로 후크냐, 나냐."

이제 그는 한 손은 입에 갖다 대고 단도를 꿰찬 채, 뱀처럼 기어가다가, 또 다시 서서 가다가, 달빛이 비추고 있는 공중으로 뛰어올랐다. 그는 매우 행복하였다.

제 13 장

해적선

해적의 강의 입구 가까이에 있는 키드스 샛강 쪽으로 기운 하나의 녹색 등이, 그 쌍돛대의 범선, 즉 갈갈이 찢긴 깃털마냥 모든 들보가 추해 보여 선체는 불결하지만 날씬해 보이는 배, 해적선이 어디에서 수심이 얕은 곳에 정박하고 있는지를 표시하고 있었다. 그 배는 바다의 식인종으로 주위를 경계할 필요도 거의 없었다. 왜냐하면 그 배는 그 두려운 이름만으로도 유유히 항해를 하였기 때문이다.

그 배는 어둠의 장막에 휩싸여 있었으며, 그 어둠의 장막 속에서 그 배에서 나는 그 어떤 소리도 해변가에 이르지 못하였

엄습: 불시에 습격함
선체: 배의 몸뚱이

no sound from her could have reached the shore. There was little sounds, and none agreeable save the whir of the ship's sewing machine.

It was his hour of triumph. Peter had been removed for ever from his path, and all the other boys were on the brig, about to walk the plank. It was his grimmest deed since the days when he had brought Barbecue to heel; and knowing as we do how vain a tabernacle is man, could we be surprised had he now paced the deck unsteadily, bellied out by the winds of his success?

But there was no elation in his gait, which kept pace with the action of his sombre mind. Hook was profoundly dejected.

He was often thus when communing with himself on board ship in the quietude of the night. It was because he was so terribly alone. This inscrutable man never felt more alone than when surrounded by his dogs. They were socially so inferior to him.

There came to him a presentiment of his early dissolution. It was as if Peter's terrible oath had boarded the ship. Hook felt a gloomy desire to make his dying speech, lest presently there should be no time for it.

"Better for Hook," he cried, "if he had had less ambi-

---

whir: (씽 소리내며)날다, (모터등이)윙윙 돌다 plank: 널빤지 tabernacle: 가건물, 막사, 거처 sombre: 어두침침한, 흐린 quietude: 정적, 고요함

다. 거의 소리는 없었으며, 배의 기계 돌아가는 소리도 숨길 수 없었다.

지금은 승리의 순간이다. 피터는 완전히 후크의 앞길에서 제거되었으며 다른 모든 소년들은 널빤지 위에 있었다. 이는 바베큐를 굴복시켰던 이래 후크 자신의 가장 무자비한 행동이었다. 인간이란 매우 보잘것 없는 존재라는 것을 알기에, 그가 자신의 성공으로 우쭐해져 건들거리며 거닌다 한들 놀랄 일이라도 되겠는가?

그러나 걸음걸이에 힘이 없었으며 이것은 우울한 마음을 갖게 하였다. 후크는 깊이 우울해하고 있었다.

갑판 위 밤의 고요함 속에서 자신과의 사색에 빠질 때면 종종 그러하곤 하였다. 우울함은 극도의 외로움 때문이었다. 이 알 수 없는 사나이는 자신의 부하들에게 둘러싸여 있을 때 특히 외로움을 느꼈다. 그들은 후크에 비해 사회적으로 너무나 열등한 인간들이었다.

그는 자신의 오래 전의 해결책을 떠올렸다. 그것은 마치 피터의 무서운 맹세가 그를 배에 타게 했던 것과 같은 것이었다. 후크는 유언을 하고 싶다는 우울한 욕구를 느꼈다. 행여 유언을 할 시간이 충분하지 않을 것을 염려해서 말이다.

"후크에겐 더욱 좋았을 걸. 피터가 만일 좀 야심이 적었더라면." 그는 말했다. 후크가 제 삼의 인물에 관해 언급하는 것은 오직 가장 힘든 시간일 때이다.

"그 어느 아이도 나를 좋아하지 않아."

야심: 야비한 욕망, 남 몰래 품은 희망

tion." It was in his darkest hours only that he referred to himself in the third person.

"No little children to love me."

Strange that he should think of this, which had never troubled him before; perhaps the sewing machine brought it to his mind. For long he muttered to himself, staring at Smee, who was hemming placidly, under the conviction that all children feared him.

Feared him! Feared Smee! There was not a child on board the brig that night who did not already love him. He had said horrid things to them and hit them with the palm of his hand because he could not hit with his fist; but they had only clung to him the more. Michael had tried on his spectacles.

To tell poor Smee that they thought him lovable! Hook itched to do it, but it seemed too brutal. Instead, he revolved this mystery in his mind: why do they find Smee lovable? He pursued the problem like the sleuth-hound that he was. If Smee was lovable, what was it that made him so? A terrible answer suddenly presented itself: "Good form?"

Had the bo'sun good form without knowing it, which is the best form of all?

---

placidly: 평온하게, 조용하게 conviction: 유죄판결, 신념, 확신 palm: 손바닥 sleuthound: 경찰관, 탐정, 형사

그가 전에는 한 번도 신경 쓴 적이 없는 문제에 대해 생각한다는 것이 이상한 일이었다. 아마도 기계 소리가 그로 하여금 이런 생각에 빠지게 하였을 것이다. 오랫동안 그는 모든 아이들이 자신을 두려워한다는 생각에 빠진 채 중얼거렸으며 조용히 헛기침하는 스미를 쳐다보며 중얼거렸다.

그를 무서워하다니. 스미를 무서워하다니! 그날 밤 배 위에서 스미를 좋아하지 않는 아이는 아무도 없었다. 그는 아이들에게 무서운 이야기를 하며 차마 주먹으로 때릴 수는 없기에 손바닥으로 철썩 때렸다. 그런데 그럴수록 아이들은 그에게 더욱 달라붙었다. 마이클은 그의 안경을 써 보기까지 하였다.

불쌍한 스미에게 아이들이 그를 좋아한다고 말해 줄 테다. 후크는 그렇게 하고 싶었다. 하지만 그것은 너무 야비한 것 같았다. 대신 이 비밀을 가슴속에 묻어 두기로 하였다. 왜 아이들은 스미를 좋은 사람으로 여기는 것일까? 그는 이 문제를 탐정처럼 추적해 보았다. 만약 스미가 사랑스럽다면 무엇이 그를 그렇게 만들었을까? 갑자기 무서운 해답이 떠올랐다.

"좋은 모습?"

갑판장은 무의식적으로 좋은 모습을 유지해 왔단 말인가? 무엇이 가장 좋은 모습이란 말인가?

후크는 그가 두목으로 선출이 되기 전에, 좋은 모습을 유지해 왔다는 사실을 몰랐다는 것을 증명해 보여야만 한다는 사실을 떠올렸다.

분노로 울부짖으며 그는 갈고리를 스미의 머리 위로 들어올

야비한: 속되고 천한

He remembered that you have to prove you don't know you have it before you are eligible for Pop.

With a cry of rage he raised his iron hand over Smee's head; but he did not tear. What arrested him was this reflection:

"To claw a man because he is good form, what would that be?"

"Bad form!"

The unhappv Hook was as impotent as he was damp, and he fell forward like a cut flower.

His dogs thinking him out of the way for a time, discipline instantly relaxed; and they broke into a bacchanalian dance, which brought him to his feet at once; all traces of human weakness gone, as if a bucket of water had passed over him.

"Quiet, you scugs," he cried, "or I'll cast anchor in you"; and at once the din was hushed. "Are-all the children chained, so that they cannot fly away?"

"Ay, ay."

"Then hoist them up."

The wretched prisoners were dragged from the hold all except Wendy, and ranged in line in front of him. For a time he seemed unconscious of their presence. He lolled

---

eligible: 적격의, 적임자, 유자격자 discipline: 훈련, 단련, 기율 relax: 늦추다, 편하게 하다, (긴장을)풀게 하다 bucket: 물통 scug: 변변치 못한 사람 din: 소음 hush: 잠잠해지다, 침묵하다

렸다. 그러나 찢지는 않았다. 그를 사로잡았던 것은 이러한 상념들이었다.

"그가 좋은 모습의 사람이라는 이유만으로 한 인간을 찢어 버린다면, 그런 행동은 과연 무엇인가?"

"나쁜 모습."

불쌍한 후크는 매우 기운이 없고 무기력해져 그만 꺾인 꽃처럼 앞으로 쓰러지고 말았다. 그의 부하들은 그가 잠시 탈이 났다고 생각하여, 훈련을 늦추기도 하였다. 그리고 곧 그들은 주신(酒神)을 위한 축제의 춤을 추기 시작하였으며, 이로 인해 후크는 즉시 일어났다. 인간적 나약함의 모든 흔적들은 사라졌다. 마치 한 통의 물이 그를 씻어 주기라도 한 것처럼 말이다.

"조용히 해. 이 병신들아." 그가 소리쳤다.

"그렇지 않으면 닻을 네놈들에게 던져 버릴테다." 그러자 즉시 소란은 가라앉았다.

"아무도 날지 못하도록 모두 묶어 놨겠지?."

"예, 예."

"그럼 그 녀석들을 끌어올려."

그 비참한 포로들은 웬디를 제외하곤 모두 묶였던 곳에서 끌려나와 후크 앞에 나란히 서게 되었다. 잠시 동안 그는 아이들의 존재를 의식하지 못하는 듯했다. 그는 카드를 만지작거리며 거친 노래 몇 소절을 멜로디까지 섞어 가며 흥얼거리고, 느긋이 빈둥거렸다. 때때로 담배 불빛만이 그의 얼굴에 몇몇 색깔을 드리우기도 했다.

상념: 생각
주신(酒神): 술의 신

at his ease, humming, not unmelodiously, snatches of a rude song, and fingering a pack of cards. Ever and anon the lights from his cigar gave a touch of colour to his face.

"Now then, bullies," he said briskly, "six of you walk the plank to-night, but I have room for two cabin boys. Which of you is it to be?"

"Don't irritate him unnecessarily," had been Wendy's instructions in the hold; so Tootles stepped forward politely. Tootles hated the idea of signing under such a man, but an instinct told him that it would be prudent to lay the responsibility on an absent person; and though a somewhat silly boy, he knew that mothers alone are always willing to be the buffer. All children know this about mothers, and despise them for it, but make constant use of it.

So Tootles explained prudently, "You see, sir, I don't think my mother would like me to be a pirate. Would your mother like you to be a pirate, Slightly?"

He winked at Slightly, who said mournfully, "I don't think so," as if he wished things had been otherwise. "Would your mother like you to be a pirate, Twin?"

"I don't think so," said the first twin, as clever as the others. "Nibs, would-"

---

snatch: 와락 붙잡다, 잡아채다 anon: 곧, 이내 bully: 깡패, 싸움대장 cabin: 선실, 객실 buffer: 완충기, 완충제 wink: 눈짓하다

"자 이제, 이 개구쟁이들아." 그가 힘차게 말했다. "너희들 여섯은 오늘 저녁 널빤지 걷기를 치르게 된다. 하지만 두 명을 위해 선실을 마련했다. 누가 해적이 될래?"

"불필요하게 그를 자극하지마." 갇혀 있을 때 웬디가 아이들에게 한 충고였다. 투들스가 얌전히 앞으로 걸어나왔다. 투들스는 이따위 인간의 부하로 지내고 싶진 않았지만 본능적으로 현재 여기에 없는 이에게 책임을 돌리는 것이 더 신중한 행동일 것이라고 믿었다. 그리고 약간 멍청한 아이이긴 했지만, 그는 엄마 한 사람만으로도 얼마든지 완충제 역할을 수행해 낼 수 있다고 생각했다. 모든 아이들은 엄마의 이런 점을 잘 알고 또한 그러한 점 때문에 엄마를 멸시하기도 하지만 언제나 그걸 이용하곤 했다.

그래서 투틀스는 신중하게 설명했다. "알다시피, 난 엄마가 내가 해적이 되는걸 원치 않을 거라 생각했어요, 네 엄마는 네가 해적이 되는 것을 좋아하겠니, 슬라이틀리?"

투들스는 마치 해적이 안 되길 바라는 것처럼 비통하게 "나는 그렇게 생각하진 않아." 얘기하고는 슬라이트리에게 윙크를 보냈다. "쌍둥이야, 너의 어머니는 네가 해적이 되는 것을 좋아하겠니?"

"나도 그렇게 생각하진 않아." 두 번째 쌍둥이만큼이나 똑똑한 첫 번째 쌍둥이가 말했다.

"닙스야, 너의 어머니는?"

"입 닥쳐." 후크가 소리쳤다. 그리고 투틀스는 뒤로 끌려갔다.

"Stow this gab," roared Hook, and the spokesmen were dragged back. "You, boy," he said, addressing John, "you look as if you had a little pluck in you. Didst never want to be a pirate, my hearty?"

Now John had sometimes experienced this hankering at maths. prep.; and he was struck by Hook's picking him out.

"I once thought of calling myself Red-handed Jack," he said diffidently.

"And a good name too. We'll call you that here, bully, if you join."

"What do you think, Michael?" asked John.

"What would you call me if I join?" Michael demanded.

"Blackbeard Joe."

Michael was naturally impressed. "What do you think, John?" He wanted John to decide, and John wanted him to decide.

"Shall we still be respectful subjects of the King?" John inquired.

Through Hook's teeth came the answer: "You would have to swear, 'Down with the King.' "

Perhaps John had not behaved very well so far, but he shone out now.

---

stow: 싣다, 채워넣다 gab: 수다, 지껄임 roar: 격노하다 didst: do의 2인칭 단수 doest의 과거 hanker: 갈망하다, 동경하다 math=mathmatics: 수학

"이 꼬마야." 존에게 말을 붙이며 후크가 말했다. "넌 용기가 좀 있어 보이는데, 너는 해적이 되고 싶다는 생각을 해 본 적이 없어?"

존은 가끔 이런 열망들을 수학이나 문법 시간에 경험하곤 하였다. 그래서 그는 후크가 자신을 지적하자 충격을 받았다.

"나는 한때 내가 붉은 손 잭이라고 불리고 싶었어요." 존이 수줍게 말했다.

"아주 좋은 이름이군. 네가 동참한다면, 우린 여기서 널 그렇게 부를 거야."

"마이클 너는 어떻게 생각해?" 존이 물었다.

"내가 동참한다면, 당신은 나를 뭐라고 부를 건데요?" 마이클이 물었다.

"검은 수염 조."

마이클은 마음이 흔들렸다. "존, 무슨 생각해?" 그는 존이 결심하기를 원했으며, 존은 그가 결심하기를 원하였다.

"우리는 여전히 왕의 신민으로서 존경받을 수 있을까?" 존이 물었다.

후크의 이빨 사이로 대답이 흘러나왔다. "애들아, '왕과 함께 죽음을' 이라고 맹세하지 그래."

아마 존이 여태껏 그렇게 용감했던 적은 없었을 것이다. 그러나 지금 그는 빛나고 있었다.

"자, 난 거부하겠어요." 그는 후크 앞의 물통을 걷어차며 말

신민: 왕이나 군주를 제외한 온 국민

"Then I refuse," he cried, banging the barrel in front of Hook.

"And I refuse," cried Michael.

"Rule Britannia!" squeaked Curly.

The infuriated pirates buffeted them in the mouth; and Hook roared out, "That seals your doom. Bring up their mother. Get the plank ready."

They were only boys, and they went white as they saw Jukes and Cecco preparing the fatal plank. But they tried to look brave when Wendy was brought up.

No words of mine can tell you how Wendy despised those pirates. To the boys there was at least some glamour in the pirate calling; but all that she saw was that the ship had not been scrubbed for years. There was not a porthole on the grimy glass of which you might not have written with your finger "Dirty pig"; and she had already written it on several. But as the boys gathered round her she had no thought, of course, save for them.

"So, my beauty," said Hook, as if he spoke in syrup, "you are to see your children walk the plank."

Fine gentleman though he was, the intensity of his communings had soiled his ruff, and suddenly he knew that she was gazing at it. With a hasty gesture he tried to hide

---

squeak: 찍찍 울다, 찍찍 소리를 내다 infuriate: 격분시키다 glamour: 마법, 마술, 매혹하다 scrub: 문지르다 porthole: 창틀 ruff: 목 주름 깃

했다.

"나도 거부해요." 마이클도 소리쳤다.

"영국의 지배는 영원하리." 컬리가 소리질렀다.

성난 해적들이 그들의 입을 마구 쳤다. 그리고 후크가 소리질렀다. "그 말이 너희들 운명을 결정했다. 이 아이들의 엄마를 데리고 와, 그리고 널빤지를 준비해."

그들은 단지 아이들이었기에 쥬크와 세코가 죽음의 널빤지를 준비하는 걸 본 순간 얼굴이 새하얗게 질리고 말았다. 그러나 웬디가 올라왔을 때 그들은 용감한 척하려고 노력했다.

웬디가 얼마만큼이나 해적들을 경멸했는지를 말로써는 표현할 수가 없다. 그래도 해적선에는 아이들에겐 최소한의 배려나마 있었지만, 그녀가 본 건 단지 몇 해째 닦지 않은 배에 지나지 않았다. '더러운 놈'이라고 손가락으로 쓰기에도 지저분한 창문틀 위에는 유리창 하나도 끼어져 있지 않았다. 그러나 웬디는 몇 차례 그 욕을 썼었다. 이제 아이들이 그녀 주위로 모여들자, 그녀는 오직 아이들 생각만으로 가득 차 있었다.

"저 부인께선 이제 아이들이 널빤지 걷기로 사형 당하는 광경을 보게 될 거요!" 후크가 감상적인 어조로 말했다.

그는 매우 신사적인 사람이긴 했지만 얘기에 열중하다가 그만 목의 주름 깃을 더럽히고 말았고, 그 순간 후크는 그녀가 거길 응시하는 것을 깨달았다. 더러워진 부분을 감추기 위해 허둥댔지만 한발 늦어 버렸다.

"아이들은 죽게 되나요." 후크가 새하얗게 질릴 정도로 무섭

감상적: 하찮은 자극에도 마음이 움직여 슬픈
어조: 말의 가락

it, but he was too late.

"Are they to die?" asked Wendy, with a look of such frightful contempt that he nearly fainted.

"They are," he snarled. "Silence all," he called gloatingly, "for a mother's last words to her children."

At this moment Wendy was grand. "These are my last words, dear boys," she said firmly. "I feel that I have a message to you from your real mothers, and it is this: 'We hope our sons will die like English gentlemen.' "

Even the pirates were awed; and Tootles cried out hysterically, "I am going to do what my mother hopes. What are you to do, Nibs?"

"What my mother hopes. What are you to do, Twin?"

"What my mother hopes. John, what are "

But Hook had found his voice again.

"Tie her up," he shouted.

It was Smee who tied her to the mast. "See here, honey," he whispered, "I'll save you if you promise to be my mother."

But not even for Smee would she make such a promise. "I would almost rather have no children at all," she said disdainfully.

It is sad to know that not a boy was looking at her as

---

snarl: 호통치다 gloat: 흡족한 듯이 바라보다, 만족해 함 awe: 두려워하다, 경외하다 mast: 돛대, 돛대를 세우다

고도 경멸에 찬 눈길을 던지며 웬디가 물었다.

"그럴거요," 순간 후크가 소리쳤다. "모두 조용히 해." 사뭇 고소하다는 듯이 후크가 말을 이어갔다. "엄마가 아이들에게 마지막 작별 인사를 하도록 말이다."

이 순간 웬디는 비장해졌다. "사랑하는 아이들아, 내 마지막 인사란다." 그녀는 단호히 말했다. "지금 이 순간 나는 너희들의 친 엄마가 여기에 있었다면 해 주었을 얘기가 있다고 생각한단다. '바로 내 아들이 영국의 신사답게 죽어 가길 바란단다.' 라는 말이야"

해적들까지도 숙연해졌다. 순간 투들스가 신경질적으로 울부짖었다. "난 어머니가 원하는 대로 할거야, 넌 어쩔 거야, 닙스?"

"엄마가 바라는 대로. 쌍둥이 너흰 어쩔 거니?"

"어머니 뜻대로, 존 너는?"

그러자 후크는 다시 말하기 시작했다.

"웬디를 묶어." 후크가 소리쳤다.

그녀를 돛대에 묶은 사람은 바로 스미였다. "여기 좀봐요." 스미가 속삭였다. "당신이 내 엄마가 되어 주겠다고 약속한다면 당신을 구해 주겠어요."

그러나 스미에게도 그녀는 그런 약속을 해주지 않았다. "차라리 아이를 가지지 않겠어." 그녀는 경멸하며 말했다.

스미가 웬디를 돛에 묶는 순간에 어떤 아이도 그녀에게 눈길을 주지 않았다는 사실은 매우 슬픈 일이었다. 모두 널빤지만

숙연: 고요하고 엄숙함

Smee tied her to the mast; the eyes of all were on the plank: that last little walk they were about to take. They were no longer able to hope that they would walk it manfully, for the capacity to think had gone from them; they could stare and shiver only.

Hook smiled on them with his teeth closed, and took a step toward Wendy. His intention was to turn her face so that she should see the boys walking the plank one by one. But he never reached her, he never heard the cry of anguish he hoped to wring from her. He heard something else instead.

It was the terrible tick-tick of the crocodile.

They all heard it-pirates, boys, Wendy; and immediately every head was blown in one direction; not to the water whence the sound proceeded, but toward Hook. All knew that what was about to happen concerned him alone, and that from being actors they were suddenly become spectators.

Very frightful was it to see the change that came over him. It was as if he had been clipped at every joint. He fell in a little heap.

The sound came steadily nearer; and in advance of it came this ghastly thought, "The crocodile is about to

---

shiver: 떨다, 전율하다 clip: 자르다, 깎아다듬다 ghastly: 무시무시한, 소름끼치는, 무섭게

묵묵히 응시하고 있을 따름이었다. 이제 그들이 맞이하게 될 몇 발짝 안 되는 죽음의 널빤지를. 이미 생각할 힘도 모두 사라졌기에 그들은 더 이상 남자다운 죽음을 맞이할 수 있게 바라는 것도 사실 어려운 일이었다. 단지 바라보며 떨고 있을 따름이었다.

후크는 입을 다문 채 아이들을 향해 조소를 띠우며, 웬디에게 다가섰다. 그의 의도는 그녀로 하여금 아이들이 하나씩 널빤지 위를 걸어가는 것을 보게 하려는 것이었다. 그러나 그는 그녀에게 다가서지 못하였다. 그녀에게서 흘러나오는 비통한 울음을 듣고 싶었지만 그러질 못했다. 대신, 그는 다른 무엇인가를 들었다.

그건 악어로부터 나오는 시계 소리였던 것이다.

해적들도, 아이들도 그리고 웬디도 모두 그 소릴 들었다. 그 즉시 모두들 한쪽으로 고개를 돌렸다. 고개들이 돌려지는 곳은 소리가 나는 물가가 아니라 후크에게로였다. 이제 모두들 닥쳐올 일들은 오직 후크에게만 관계된 일이라는 사실과, 갑자기 배위에서 관객으로 처지가 바뀌어 버렸다는 사실을 알게 되었다.

후크는 자신에게 닥칠 변화를 지켜보는 것이 매우 무서운 일이었다. 마치 사지가 마디마디 잘려지는 듯했다. 그는 작은더미 위로 넘어졌다.

그 소리는 점점 더 가까워졌고 소리가 가까워질수록 "악어가 배에 오르려는 모양이다."라는 무시무시한 생각이 들었다.

조소: 비웃음

board the ship."

Even the iron claw hung inactive; as if knowing that it was no intrinsic part of what the attacking force wanted. Left so fearfully alone, any other man would have lain with his eyes shut where he fell: but the gigantic brain of Hook was still working, and under its guidance he crawled on his knees along the deck as far from the sound as he could go. The pirates respectfully cleared a passage for him, and it was only when he brought up against the bulwarks that he spoke.

"Hide me," he cried hoarsely.

They gathered round him; all eyes averted from the thing that was coming aboard. They had no thought of fighting it. It was Fate.

Only when Hook was hidden from them did curiosity loosen the limbs of the boys so that they could rush to the ship's side to see the crocodile climbing it. Then they got the strangest surprise of this Night of Nights; for it was no crocodile that was coming to their aid. It was Peter.

He signed to them not to give vent to any cry of admiration that might rouse suspicion. Then he went on ticking.

---

intrinsic: 본질적인, 본래 갖추어진 gigantic: 거인같은, 거대한 bulwark: 성채, 방호물 limb: 사지, 팔다리

후크의 한쪽 손에 달려 있는 쇠갈고리조차 움직일 줄을 몰랐다. 마치 공격해 오는 악어가 본질적으로 원하는 것이 아니라는 걸 알듯이 말이다. 그렇게 무서운 상태에서 홀로 남겨졌더라면, 다른 보통 사람들은 땅에 누워 눈을 감고 가만히 있을 수밖에 없었을 것이다. 그러나 후크는 여전히 머리를 굴리며, 갑판 위에서 가능한 한 그 소리로부터 멀리 떨어진 곳에서 무릎을 굽히고 엎드렸다. 해적들은 충성스럽게도 그를 위해 길을 열어 주었고 그가 다시 입을 연 건, 뱃전에서 일어났을 때였다.

그는 "날 숨겨."라고 거칠게 소리쳤다.

해적들은 후크 주위를 둘러싸고는 배 위로 올라오는 것에 시선을 돌렸다. 그들은 전혀 싸울 생각이 없었다. 그것은 운명이었기 때문에.

후크가 해적 뒤로 숨었을 때 호기심으로 긴장이 풀어진 아이들은 배 위로 올라오는 악어를 보기 위해 배의 옆편으로 달려갔다. 그러나 그들은 이 밤중의 밤에서도 가장 놀라운 광경을 보게 되었다. 배에 올라오고 있는 것은 악어가 아니라 그들을 도와 줄 사람, 바로 피터팬이었다.

피터는 아이들에게 의심을 살지도 모르니, 환호성을 지르지 못하도록 손짓했다. 그리고 그는 계속해서 시계 소리를 내기 시작했다.

CHAPTER 14

Hook or Me This Time

ODD things happen to all of us on our way through life without our noticing for a time that they have happened. Thus, to take an instance, we suddenly discover that we have been deaf in one ear for we don't know how long, but, say, half an hour. Now such an experience had come that night to Peter. When last we saw him he was stealing across the island with one finger to his lips and his dagger at the ready. He had seen the crocodile pass by without noticing anything peculiar about it, but by and by he remembered that it had not been ticking. At first he thought this eerie, but soon concluded rightly that the clock had run down.

Without giving a thought to what might be the feelings of a fellow-creature thus abruptly deprived of its closest companion, Peter at once considered how he could turn the catastrophe to his own use; and he decided to tick, so that wild beasts should believe he was the crocodile and let him pass unmolested. He ticked superbly, but with one unfore seen result. The crocodile was among those who

---

odd: 이상한, 기묘한 deaf: 귀가 먼, 귀머거리의 errie: 기분 나쁜, 무시무시한 run down: (시계등이)멈춘, 선 abruptly: 갑자기, 뜻밖에 deprive: 빼앗다, 주지 않다 catastrophe: 대이변, 대참사, 큰 재앙 unmolested: 평온한, 방해받지 않은 superbly: 뛰어나게, 최상으로, 당당하게

제 14 장

이번에야말로 후크냐, 나냐?

인생을 살다보면 엉뚱한 일들이 언제 일어났는지도 모르게 일어난다. 예를 들자면, 우리가 오랫동안이나 몰랐던, 사실은 30분이지만, 한 쪽 귀가 멀어 있었다는 것을 갑자기 깨닫게 되는 것이다. 지금 그러한 경험이 그날 밤 피터에게 일어났다. 우리가 그를 마지막으로 보았을 때 그는 단도를 꿰차고 소리를 죽인 채 조심스레 섬을 가로질러 가고 있었다. 그는 특별히 이상한 것을 느끼지 못한 채 악어가 곁을 지나가는 것을 보았으며 나중에야 악어가 똑딱거리지 않는다는 것을 기억해 냈다. 처음에 그는 이것이 무서웠으나 곧 시계 태엽이 다 풀렸거니 하고 생각하였다.

그렇게 갑자기 그의 가장 가까운 동반자를 잃어버린, 남은 동반자의 기분이 어떠할 것인가는 생각하지도 않고, 피터는 곧바로 어떻게 하면 그러한 재앙을 도움이 되게 할 수 있는가를 생각하였다. 그래서 그는 자신이 똑딱소리를 내어서 짐승들이 그를 악어로 생각하게 하여 방해받지 않고 지나가기로 하였다. 그는 멋들어지게 똑딱소리를 내었는데 그것은 예기치 않은 결과를 가져왔다. 악어가 그 소리를 듣고는, 잃어버린 시계를 다시 찾고자 해서 그런지 아니면 단지 시계가 다시 똑딱거리기 시작하였다고 믿으며 친구로서 찾고자 했는지는 결코 확실히

동반자: 짝이 되어 함께하는 사람
재앙: 하늘과 땅에서 일어나는 여러가지 변동으로 생기는 불행한 변고

heard the sound, and followed him, though whether with the purpose of regaining what it had lost, or merely as a friend under the belief that it was again ticking itself, will never be certainly known, for, like slaves to a fixed idea, it was a stupid beast.

Peter reached the shore without mishap, and went straight on; his legs encountering the water as if quite unaware that they had entered a new element. Thus many animals pass from land to water, but no other human of whom I know. As he swam he had but one thought: "Hook or me this time."

Peter struck true and deep. John clapped his hands on the ill-fated pirate's mouth to stifle the dying groan. He fell forward. Four boys caught him to prevent the thud. Peter gave the signal, and the carrion was cast overboard. There was a splash, and then silence. How long has it taken?

"One!" (Slightly had begun to count.)

None too soon, Peter, every inch of him on tiptoe, vanished into the cabin; for more than one pirate was screwing up his courage to look round. They could hear each other's distressed breathing now, which showed them that the more terrible sound had passed.

---

regain: 되찾다, 회복하다 tick: (시계)똑딱거리는 소리 beast: 짐승 mishap: 사고, 재난 stifle: 숨막히게 하다, 질식시키다 groan: 신음소리 thud: 쿵 소리 carrion: 시체, 썩은 고기 ovreboard: 배 밖으로 splash: 물 튀기는 소리 screw up: (용기를) 불러일으키다

알 수 없겠지만 — 왜냐하면 생각이 고정된 노예들처럼 악어도 우둔한 짐승에 불과하기 때문이다. — 그의 뒤를 따라갔다.

피터는 위험 없이 해변에 도달하였으며, 새로운 장소에 들어온 것을 모르는 것처럼 두발로 물을 헤치며, 계속 앞으로 나아갔다. 그래서 많은 동물들도 뭍에서 물속으로 들어갔으나, 내가 알고 있는 사람들은 아무도 들어가지 않았다. 헤엄을 치는 동안 그는 한 가지 생각밖에 없었다. "이번에는 후크가 이기냐, 아니면 내가 이기냐."

피터가 정확하고 강하게 일격을 가하였다. 죽어 가며 지르는 비명을 막기 위해 그 운이 나쁜 해적의 입을 존이 손으로 갈겼다. 그는 앞으로 고꾸라졌다. 쿵하고 소리가 나는 것을 막기 위해 네 명의 소년들이 그를 붙잡았다. 피터가 신호를 하자 시체가 배 밖으로 내던져졌다. 첨벙하는 소리가 한번 들리고는 조용해졌다. 시간이 얼마나 걸렸을까?

"하나." (슬라이틀리가 세고 있었다.)

여러 명의 해적이 주위를 둘러보려고 용기를 내어 나왔기 때문에 빠르지는 않지만 피터는 발꿈치를 들고 선실로 사라졌다. 그들은 각자 다른 사람들이 안도하는 한숨 소리를 들을 수 있었다. 이것은 더 무서운 소리가 지나갔음을 의미한다.

"갔습니다, 선장." 안경을 닦으며 스미가 말했다.

"모든 것이 다시 조용해졌습니다."

천천히 후크가 칼라깃 속에서 머리를 내놓으며 열심히 귀를

"It's gone, captain," Smee said, wiping his spectacles. "All's still again."

Slowly Hook let his head emerge from his ruff, and listened so intently that he could have caught the echo of the tick. There was not a sound, and he drew himself up firmly to his full height.

"Then here's to Johnny Plank," he cried brazenly, hating the boys more than ever because they had seen him unbend. He broke into the villainous ditty:

Yo ho, yo ho, the frisky plank,
You walks along it so,
Till it goes down and you goes down
To Davy Jones below!

To terrorise the prisoners the more, though with a certain loss of dignity, he danced along an imaginary plank, grimacing at them as he sang; and when he finished he cried, "Do you want a touch of the cat before you walk the plank?"

At that they fell on their knees. "No, no," they cried so piteously that every pirate smiled.

"Fetch the cat, Jukes," said Hook; "it's in the cabin."

---

ruff:풀이 센 주름 칼라 intently:일사불란하게 draw oneself up:꽂꽂이 서다 brazenly: 뻔뻔스럽게 unbend:(긴장을)누그러지게 하다 villainous: 악랄한, 비열한 ditty: 노래, 민요 frisky:뛰어다니는, 까부는 plank: 널빤지 walk the plank:(17세기경 영국해적들이 하던)널빤지 위로 걸어가게 하여 바다에 빠져죽이기

기울였다. 그는 똑딱소리의 여음을 들었다. 진짜 소리는 없었기 때문에 그는 몸을 똑바로 세웠다.

"자, 이제 놈들을 널빤지 위로 걷게 하자." 후크는, 소년들이 그가 긴장을 푸는 것을 보았다는 이유 때문에 그들을 더욱 증오하며, 소리쳤다. 그가 악랄한 노래를 부르기 시작하였다.

야호, 야호, 즐거운 사형 집행,
널빤지 위로 걸어가거라.
끝까지 가서 뚝 떨어지거라.
바다 귀신에게로

비록 약간 품위를 상실하기는 하지만, 그는 포로들에게 겁을 주려고, 노래를 부를 때 얼굴을 찡그리며 가상의 널빤지 위에서 춤을 추었다. 노래와 춤을 마치고 나서 그가 말했다. "널빤지 위로 걸어가기 전에 아홉 갈래의 채찍 맛을 보고 싶은 놈 없냐?"

그 소리에 그들은 모두 무릎을 꿇고, "아니요, 제발."이라고 너무도 불쌍하게 소리쳤으며, 모든 해적들이 그것을 보고 웃었다. "아홉 갈래 채찍을 가져와라, 쥬크." 후크가 말하였다. "그것은 선실 속에 있다."

선실이라고! 피터가 선실 속에 있다! 아이들은 서로의 얼굴을 주시하였다.

여음: 소리가 사라진 뒤에도 남아있는 음향
악랄: 매섭고 표독함

The cabin! Peter was in the cabin! The children gazed at each other,

"Ay, ay." said Jukes blithely, and he strode into the cabin. They followed him with their eyes; they scarce knew that Hook had resumed his song, his dogs joining in with him:

Yo ho, yo ho, the scratching cat,
Its tails are nine, you know,
And when they're writ upon your back.

What was the last line will never be known, for of a sudden the song was stayed by a dreadful screech from the cabin. It wailed through the ship, and died away. Then was heard a crowing sound, which was well understood by the boys, but to the pirates was almost more eerie than the screech.

"What was that?" cried Hook.

"Two," said Slightly solemnly.

The Italian Cecco hesitated for a moment and then swung into the cabin. He tottered out, haggard.

"What's the matter with Bill Jukes, you dog?" hissed Hook, towering over him.

"The matter wi' him is he's dead, stabbed," replied

---

terrorize: 무서워하게 하다, 겁을 주다 grimace: 얼굴을 찡그리다 cat: 아홉갈래로 된 채찍 piteously: 불쌍하게, 비참하게, 측은하게 blithely: 즐겁게, 유쾌하게, 쾌활하게 stride: 큰 걸음으로 걷다, 활보하다 scratch: 할퀴다, 긁다 screech: 날카로운 비명 소리 wail: 소리내어 울부짖다 stab: 칼로 찌르다

"예, 예." 쥬크가 즐겁게 말하며 선실 속으로 활보하여 들어갔다. 아이들은 그를 주시하였다. 그들은 후크가 그의 졸개들과 함께 다시 노래를 시작한 것조차 깨닫지 못했다.

야호, 야호, 아홉 갈래의 채찍으로 할퀴자.
그것은 아홉 갈래로 된 채찍
맞으면 등에는 무시한 자국이 새겨진다네.

노래의 마지막 소절은 무엇인지 결코 알 수 없을 것이다. 왜냐하면 선실에서 들려 온 날카로운 비명 소리에 갑자기 노래가 끊겼기 때문이다. 소리가 배를 한차례 휩쓸고 조용해졌다. 그리고 나서 까마귀 울음소리가 한차례 들려 왔는데 그 소리를 소년들은 잘 이해하였으나, 해적들에게는 비명 소리보다 훨씬 무서운 소리였다.

"저건 무슨 소리냐?" 후크가 외쳤다.

"둘." 슬라이틀리가 진지하게 말했다.

이탈리아인인 치코가 한동안 망설이다가 선실 속으로 흔들거리며 들어갔다. 그는 초췌해 보였고 기우뚱거렸다.

"빌 쥬크가 대체 어떻게 되었냐, 이놈아." 우뚝 서며 후크가 소리질렀다.

"그가 죽었습니다, 칼에 찔렸습니다." 침통한 목소리로 치코가 대답하였다.

"빌 쥬크가 죽었다고?" 놀란 해적들이 소리쳤다.

활보: 활개를 치고 거드럭거리며 걷는 걸음
초췌: 고생이나 병으로 인해 몹시 피로하고 파리함

Cecco in a hollow voice.

"Bill Jukes dead!" cried the startled pirates.

"The cabin's as black as a pit," Cecco said, almost gibbering, "but there is something terrible in there: the thing you heard crowing."

The exultation of the boys, the lowering looks of the pirates, both were seen by Hook.

"Cecco," he said in his most steely voice, "go back and fetch me out that doodle-doo."

Cecco, bravest of the brave, cowered before his captain, crying "No, no"; but Hook was purring to his claw.

"Did you say you would go, Cecco?" he said musingly.

Cecco went, first flinging up his arms despairingly. There was no more singing, all listened now; and again came a death-screech and again a crow.

No one spoke except Slightly. "Three," he said.

Hook rallied his dogs with a gesture. " 'Sdeath and odds fish," he thundered, "who is to bring me that doodle-doo?"

"Wait till Cecco comes out," growled Starkey, and the others took up the cry.

"I think I heard you volunteer, Starkey," said Hook, purring again.

---

startle:깜짝놀라게하다 pit: 땅 구덩이, 무덤 gibber:알아들을 수 없는 말을 지껄이다 exultation:몹시 기뻐함 doodle-doo:가공의 귀신 purr:목을 가르랑 거리다 musingly 생각에 잠겨 fling up:(팔따위를)흔들어 올리다 despairingly: 절망하여 rally:다시 모으다 sdeath:빌어먹을 odd fish:이상한놈

"선실이 무덤 속만큼이나 어두운데요." 거의 알아들을 수 없게 지껄이며 치코가 말했다.

"그런데 안에 무서운 무엇이 있는데요, 선장님도 그것이 소리지르는 것을 들으셨겠죠."

후크는 소년들의 몹시 기뻐하는 모습과 해적들의 가라앉은 모습을 모두 바라보았다.

"치코." 그가 매우 무정한 목소리로 말하였다. "되돌아가서 그 괴상한 놈을 나에게 데려와라."

용감한 자들 중에서도 가장 용감한 치코도 그의 선장 앞에서조차 겁을 내며 소리쳤다. "싫어요." 그러나 후크는 그의 쇠갈고리를 치켜들며 가르랑거리는 소리를 냈다.

"가겠다고 했냐, 치코?" 그가 생각에 잠겨 말했다.

자포자기하여 처음에는 팔을 흔들며 치코가 갔다. 더 이상의 노래는 없었으며 모두가 귀를 기울이고 있었다. 그러자 다시 한번 죽어 가는 비명 소리가 들려 오고 또 한번의 까마귀 울음소리가 들려 왔다.

슬라이틀리를 제외한 그 누구도 아무말도 하지 않았다. "셋." 그가 말했다.

후크가 손짓으로 그의 졸개들을 모았다. "빌어먹을 괴상한 놈 같으니라고." 그가 큰소리로 말하였다. "누가 저 괴상한 놈을 나에게 데려오겠느냐?"

"치코가 나올 때까지 기다리는 것이 어떨까요?" 스타키가 투

자포자기: 절망상태에 빠져 제몸을 스스로 돌보지 아니함

"No, by thunder!" Starkey cried.

"My hook thinks you did," said Hook, crossing to him. "I wonder if it would not be advisable, Starkey, to humour the hook?"

"I'll swing before I go in there," replied Starkey doggedly, and again he had the support of the crew.

"Is it mutiny?" asked Hook more pleasantly than ever. "Starkey's ringleader."

"Captain, merry," Starkey whimpered, all of a tremble now.

"Shake hands, Starkey," said Hook, proffering his claw.

Starkey looked round for help, but all deserted him. As he backed Hook advanced, and now the red spark was in his eye. With a despairing scream the pirate leapt upon Long Tom and precipitated himself into the sea.

"Four," said Slightly.

"And now," Hook asked courteously, "did any other gentleman say mutiny?" Seizing a lantern and raising his claw with a menacing gesture, "I'll bring out that doodle-doo myself," he said, and sped into the cabin.

"Five." How Slightly longed to say it. He wetted his lips to be ready, but Hook came staggering out, without his lantern.

---

doggedly: 완고하게, 완강하게 mutiny: 폭동, 하극상, 반란 ringleader: 주모자, 장본인 whimpered: 훌쩍훌쩍울다, 낑낑거리다 tremble: 몸을 떪, 전율 proffer: 제공하다, 제의하다 precipitate: ~에 뛰어들다, 빠지다 menace: 협박하다, 위협하다

덜거렸으며 다른 놈들이 그 말을 동조하였다.

"내 생각에 네가 지원한다고 들은 것 같은데, 스타키." 후크가 다시 가르랑거리며 말했다.

"아닌데요, 이런 제기랄." 스타키가 소리쳤다.

"내 갈고리는 네몸이 지원했다고 생각하는데." 그를 지나치면서 후크가 말하였다. "내 생각엔 갈고리를 놀리지 않는 것이 좋을 것 같구나. 스타키."

"거기에 들어가기도 전에 나는 죽게 될 겁니다." 스타키가 완강하게 말하였으며 다시 동료 선원들이 그를 지지하였다.

"지금 이것은 폭동이냐?" 전보다 더욱 유쾌하게 후크가 말하였다. "스타키 네놈이 주모자고?"

"선장님, 제발." 스타키가 이제는 몸을 전율하며 말하였다.

"악수나 하자, 스타키." 쇠갈고리를 내밀며 후크가 말하였다. 스타키가 도움을 청하고자 주위를 둘러보았으나 모두가 그를 저버렸다. 그가 뒤로 물러서자 후크가 앞으로 나아갔으며 지금 그의 눈은 불타고 있었다. 절망적인 소리를 지르며 그 해적 놈은 장신포로 뛰어올라서 바다 속으로 몸을 던졌다.

"넷." 슬라이틀리가 말하였다.

"자, 폭동을 일으키고 싶은 신사 분은 더 없으십니까?" 후크가 정중하게 물었다. 위협하는 몸짓으로 등불을 집어들고 갈고리를 세우며, "내가 저 괴상한 놈을 끌고 오겠다."라고 말하고는 선실 안으로 들어갔다.

동조: 어떤 일에 대해 같은 보조를 취함
완강: 태도가 모질고 의지가 굳셈

"Something blew out the light," he said a little unsteadily.

"Something!" echoed Mullins.

"What of Cecco?" demanded Noodler.

"He's as dead as Jukes," said Hook shortly.

His reluctance to return to the cabin impressed them all unfavourably, and the mutinous sounds again broke forth. All pirates are superstitious; and Cookson cried, "They do say the surest sign a ship's accurst is when there's one on board more than can be accounted for."

"I've heard," muttered Mullins, "he always boards the pirate craft at last. Had he a tail, captain?"

"They say," said another, looking viciously at Hook, "that when he comes it's in the likeness of the wickedest man aboard."

"Had he a hook, captain?" asked Cookson insolently; and one after another took up the cry. "The ship's doomed." At this the children could not resist raising a cheer. Hook had well-nigh forgotten his prisoners, but as he swung round on them now his face lit up again.

"Lads," he cried to his crew, "here's a notion. Open the cabin door and drive them in. Let them fight the doodle-doo for their lives. If they kill him, we're so much the bet-

---

unsteadily: 미덥지 못하게 reluctance: 싫음, 꺼림 mutinous: 폭동에 가담한, 반항적인 accurst: 저주받은, 불행한 craft: 기능, 기교, 교묘 tail: 꼬리, 끝 viciously: 사악하게, 악의있게, 심술궂게 insolently: 오만하게, 무례하게 doom: 운명짓다

"다섯." 이라고 말하기를 슬라이틀리는 얼마나 기다려 왔던가? 그가 말하려고 입술을 축이고 있는데 등불 없이 후크가 멈칫하며 나왔다.

"무엇인가가 바람을 불어서 불을 꺼 버렸다." 약간 미덥지 못하게 그가 말하였다.

"무엇인가라고요!" 물린즈가 대꾸하였다.

"치코는 어찌됐는데요?" 누들러가 말하였다.

"그도 쥬크처럼 죽었다." 짤막하게 후크가 말하였다.

그가 선실로 돌아가지 않으려고 하는 모습이 그들에게 불길한 인상을 주었으며, 폭동의 소리가 다시 튀어나왔다. 모든 해적들은 미신을 믿고 있었으며 쿡슨이 소리쳤다. "배가 저주를 받게 되는 건 죽어야 할 놈이 있기 때문이라는 말이 있습니다."

"나도 그런 말을 들었습니다." 물린즈가 말하였다. "그놈은 항상 마지막에 해적선에 타는 놈이죠. 놈에게 꼬리가 있습니까, 선장?"

"나도 그런 말을 들었어." 사악하게 후크를 바라보며 다른 한 놈이 말하였다. "놈이 오는 것은 배에 탄 가장 사악한 사람을 좋아하기 때문이라는 거야."

"놈이 갈고리를 가지고 있습니까, 선장?"이라고 쿡슨이 오만하게 물었으며 다른 놈들이 차례차례 찬동하는 말을 하였다. "배가 저주를 받았다." 이 말에 아이들은 웃지 않을 수 없었다.

불길: 운이 좋지 않거나 일이 상서롭지 못함
오만: 잘난 체하고 건방짐

ter; if he kills them, we're none the worse."

For the last time his dogs admired Hook, and devotedly they did his bidding. The boys, pretending to struggle, were pushed into the cabin and the door was closed on them.

"Now, listen," cried Hook, and all listened. But not one dared to face the door. Yes, one, Wendy, who all this time had been bound to the mast. It was for neither a scream nor a crow that she was watching; it was for the reappearance of Peter.

She had not long to wait. In the cabin he had found the thing for which he had gone in search: the key that would free the children of their manacles; and now they all stole forth, armed with such weapons as they could find. First signing to them to hide, Peter cut Wendy's bonds, and then nothing could have been easier than for them all to fly off together; but one thing barred the way, an oath, "Hook or me this time." So when he had freed Wendy, he whispered to her to conceal herself with the others, and himself took her place by the mast, her cloak around him so that he should pass for her. Then he took a great breath and crowed.

To the pirates it was a voice crying that all the boys lay

---

devotedly: 헌신적으로, 전념하여　bidding: 입찰, 명령　manacle: 수갑, 속박
oath: 맹세, 서약　cloak: 망토, 덮개, 가면

후크는 그의 포로들을 거의 잊고 있었는데, 그들 주위를 어슬렁거리면서 얼굴이 다시 밝아졌다.

"이놈들아." 그가 선원들에게 말했다. "생각이 있다. 선실문을 열고 놈들을 안으로 집어넣자. 놈들에게 살고 싶으면 그 괴상한 놈과 싸우게 하는 것이다. 놈들이 그를 죽이면 더욱 좋고 놈이 그들을 죽여도 우리에게 나쁠 건 없다."

마지막으로 그의 졸개들은 후크를 존경하였고 그의 지시에 전념했다. 그 소년들이 싸우는 척 하며 선실로 들어가서 문을 닫았다.

"자, 들어보자."라고 후크가 말하였으며, 모두가 귀를 기울였다. 그러나 그 누구도 감히 문을 바라보지 못하였다. 아니, 한 사람. 이때까지 돛대에 묶여 있던 웬디는 그것을 바라보고 있었다. 그녀가 본 것은 비명 소리도 까마귀 소리도 아닌, 피터의 재출현이었다.

그녀는 오래 기다릴 필요가 없었다. 선실 속에서 그는 그가 찾던 것, 즉 소년들의 수갑을 풀어 줄 열쇠를 찾았으며, 이제 그들은 모두 풀려나 그들이 찾을 수 있는 무기로 무장을 하였다. 처음엔 그들에게 숨으라고 신호를 하고 나서 피터는 웬디의 밧줄을 풀었다. 그리고 나서 함께 날아가려고 하였으나 "이번에는 후크냐, 아니면 나냐."는 맹세(그들이 결판내기로 했던)가 그를 가로막았다. 그래서 웬디를 풀어 주고 나서 그녀에게 다른 소년들과 함께 숨으라고 말하고 나서는 돛대 옆의 그

slain in the cabin; and they were panicstricken. Hook tried to hearten them; but like the dogs he had made them they showed him their fangs, and he knew that if he took his eyes off them now they would leap at him.

"Lads," he said, ready to cajole or strike as need be, but never quailing for an instant, "I've thought it out. There's a Jonah aboard."

"Ay," they snarled, "a man wi' a hook."

"No, lads, no, it's the girl. Never was luck on a pirate ship wi' a woman on board. We'll right the ship when she's gone."

Some of them remembered that this had been a saying of Flint's. "It's worth trying," they said doubtfully.

"Fling the girl overboard," cried Hook; and they made a rush at the figure in the cloak.

"There's none can save you now, missy," Mullins hissed jeeringly.

"There's one," replied the figure.

"Who's that?"

"Peter Pan the avenger!" came the terrible answer; and as he spoke Peter flung off his cloak. Then they all knew who twas that had been undoing them in the cabin, and twice Hook essayed to speak and twice he failed. In that

---

hearten: 용기를 북돋우다, 격려하다 fang: 어금니, 견치 leap at: ~에게 냉큼 달려들다 cajole: 부추기다, 구워삶다, 감언이설로 속이다 quail: 기가 죽다, 겁내다, 움찔하다 hiss: 쉿 소리를 내다, 야유하다 jeeringly: 희롱조로, 조롱하여 fling off: 홀짝 벗어버리다 essay: 시도하다

녀의 자리를 차지하고는 그녀의 외투를 걸치고 그녀처럼 보이게 하였다. 그리고 나서 크게 숨을 쉰 후에 까마귀 울음소리를 내었다.

해적들에게 그것은 모든 소년들이 선실 속에서 도살당하는 비명 소리로 들렸으며, 그래서 그들은 공포에 질려버렸다. 후크는 그들에게 용기를 북돋워 주고자 하였으나 오히려 그들이 개처럼 어금니를 드러낸 채 그를 쳐다보도록 만들고 말았으며, 그는 그가 한눈이라도 팔면 그들이 덤벼들 것이라는 것을 알았다.

"이보라고." 그는 구워삶거나 아니면 필요하다면 한방 날릴 준비를 하며, 겁을 내지 않고 바로 말했다. "내가 드디어 생각해 냈다. 불행을 가져다 주는 놈이 배에 타고 있다."

"그렇고 말고요." 그들이 조롱하였다." "갈고리를 하고 있는 놈이죠."

"아니야, 이놈들아. 남자가 아니라 여자란 말이다. 해적선에 여자가 타고 있으면 재수가 없는 법이다. 그녀를 제거하면 배가 괜찮아질 게다."

그들 중 몇몇이 그 말이 플린트(해적)가 했던 말임을 기억해냈다. "그래 한번 해보자." 그들이 조심스레 말하였다.

"계집아이를 던져 버려." 후크가 외치자, 그들은 외투를 걸치고 있는 사람에게 덤벼들었다.

"당신을 구해 줄 놈이 하나도 없군, 아가씨." 물린즈가 조롱

도살: 짐승을 잡아 죽임

frightful moment I think his fierce heart broke.

At last he cried, "Cleave him to the brisket," but without conviction.

"Down, boys, and at them," Peter's voice rang out; and in another moment the clash of arms was resounding through the ship. Had the pirates kept together it is certain that they would have won; but the onset came when they were all unstrung, and they ran hither and thither, striking wildly, each thinking himself the last survivor of the crew. Man to man they were the stronger; but they fought on the defensive only, which enabled the boys to hunt in pairs and choose their quarry. Some of the miscreants leapt into the sea; others hid in dark recesses, where they were found by Slightly, who did not fight, but ran about with a lantern which he flashed in their faces, so that they were half blinded and fell an easy prey to the reeking swords of the other boys. There was little sound to be heard but the clang of weapons, an occasional screech or splash, and Slightly monotonously counting, five, six, seven, eight, nine, ten, eleven.

I think all were gone when a group of savage boys surrounded Hook, who seemed to have a charmed life, as he kept them at bay in that circle of fire. They had done for

---

frighful:무서운, 놀라운 fierce:사나운, 흉포한 cleave:베다, 쪼개버리다 brisket:가슴 clash:땡땡 울리는소리, 충돌 rang out:울려퍼지다 onset:기습, 공격 hither:이리로, 이쪽으로 thither:저쪽으로, 그쪽에 quarry:사냥물, 노리는 적 miscreant:극악한 사람, 악한 recess:깊숙한 곳 monotonously: 단조롭게

하며 야유하였다.

"한 사람이 있다." 그 사람이 말했다.

"그게 누군데?"

"복수자, 피터팬이다!"라는 무시무시한 대답이 들려 왔다. 말을 하면서 피터는 외투를 벗어 던졌다. 그제야 그들 모두는 선실 속에 있으면서 그들을 공포에 떨게 했던 것이 누구였나를 알았으며, 후크가 두 번이나 무슨 말을 하려 하였으나 두 번 모두 아무말도 못하였다. 내 생각엔 그 무서운 순간에 그의 적개심이 폭발한 것 같다.

마침내 그가 확신하지 못한 채 소리쳤다. "놈의 가슴을 베어 버려라."

"얘들아, 놈들을 덮쳐라." 피터의 목소리가 울려 퍼졌으며, 순식간에 배의 전역에서 무기들이 부딪히는 소리가 났다. 해적들이 한곳에 같이 있었더라면 그들이 이기는 것은 확실하다. 그러나 그들이 긴장을 풀고 있을 때 기습이 이루어졌기 때문에, 그들은 거칠게 부딪히며, 각자 자기가 선원 중에 최후의 생존자가 되리라 생각하며 이리저리로 도망쳤다. 일대일로 싸운다면 그들이 훨씬 강하지만, 그들은 소극적으로 방어만 하였기에 소년들은 짝을 지어 공격할 대상을 선택할 수 있었다. 몇 놈들은 바다 속으로 뛰어들었으며, 다른 놈들은 어두운 후미진 곳에 숨었는데, 슬라이틀리에게 발각되었다. 그는 싸우지 않고 등불을 그들의 얼굴에 비추어 놈들의 눈이 반쯤 멀게 하여, 다른

적개심:적을 미워하여 분개하는 마음

his dogs, but this man alone seemed to be a match for them all. Again and again they closed upon him, and again and again he hewed a clear space. He had lifted up one boy with his hook, and was using him as a buckler, when another, who had just passed his sword through Mullins, sprang into the fray.

"Put up your swords, boys," cried the newcomer, "this man is mine."

Thus suddenly Hook found himself face to face with Peter. The others drew back and formed a ring round them.

For long the two enemies looked at one another; Hook shuddering slightly, and Peter with the strange smile upon his face.

"So, Pan," said Hook at last, "this is all your doing."

"Ay, James Hook," came the stern answer, "it is all my doing."

"Proud and insolent youth," said Hook, "prepare to meet thy doom."

"Dark and sinister man," Peter answered, "have at thee."

Without more words they fell to and for a space there was no advantage to either blade. Peter was a superb

hew: 베다, 공간을 만들다 buckler: 방패 fray: 싸움 insolent: 건방진, 오만한
doom: 운명, 재판, 파멸 superb: 훌륭한, 뛰어난 blade: 칼날, 칼톱, 잎

소년들의 공격에 쉬운 먹이가 되도록 하였다. 무기들이 부딪히는 소리와 간혹 터지는 비명 소리, 텀벙 소리 외에는 거의 아무 소리도 들리지 않았으며, 슬라이틀리는 단조로이 다섯, 여섯, 일곱, 여덟, 아홉, 열, 열하나 하며 숫자를 세고 있었다.

사나운 소년들의 무리가 후크를 에워쌌을 때에는 다른 놈들은 모두 처치한 것 같았으며, 그러한 시련 속에서 그가 소년들의 공격을 저지하고 있을 때 그는 마법에 걸린 듯이 보였다. 소년들은 그의 졸개들을 처치하긴 하였으나 그들에게 이 사람은 위험한 적수인 것 같았다. 소년들은 계속해서 그를 포위하였으나 그는 계속 확실한 공간을 만들었다. 그는 물린즈를 죽인 다른 소년이 이제 막 그를 공격할 때 갈고리로 소년 한 명을 끌어당겨 방패로 삼았다.

"얘들아 칼을 거둬라." 새로 끼어든 소년이 말하였다." "이놈은 내 상대야."

그래서 후크는 갑자기 그가 피터와 마주하고 있음을 깨달았다. 다른 소년들은 뒤로 물러서 그의 주위에 원을 그렸다.

오랫동안 두 적수는 서로를 주시하였다. 후크는 약간 떨고 있었으며, 피터는 얼굴에 이상야릇한 미소를 짓고 있었다.

"그래, 팬 요놈아." 마침내 후크가 말하였다. "이것이 모두 네 놈 짓이냐?"

"그렇다, 제임스 후크." 단호한 대답이 왔다. "모두 내가 했다."

주시: 자세히 살피려고 눈을 쏘아서 봄

swordsman, and parried with dazzling rapidity; ever and anon he followed up a feint with a lunge that got past his foe's defence, but his shorter reach stood him in ill stead, and he could not drive the steel home. Hook, scarcely his inferior in brilliancy, but not quite so nimble in wrist play, forced him back by the weight of his onset, hoping suddenly to end all with a favourite thrust, taught him long ago by Barbecue at Rio; but to his astonishment he found this thrust turned aside again and again. Then he sought to close and give the quietus with his iron hook, which all this time had been pawing the air; but Peter doubled under it and, lunging fiercely, pierced him in the ribs. At sight of his own blood, whose peculiar colour, you remember, was offensive to him, the sword fell from Hook's hand, and he was at Peter's mercy.

"Now!" cried all the boys, but with a magnificent gesture Peter invited his opponent to pick up his sword. Hook did so instantly, but with a tragic feeling that Peter was showing good form.

Hitherto he had thought it was some fiend fighting him, but darker suspicions assailed him now.

"Pan, who and what are thou?" he cried huskily.

"I'm youth, I'm joy," Peter answered at a venture, "I'm

---

swordsman: 검객 parry with: 공격을 받아넘기다 dazzling: 눈부신, 현혹적인 ever and anon: 때때로 feint: 양공, 속이기 lunge: 찌르기 brilliancy: 훌륭함, 뛰어남 nimble: 재빠른, 민첩한 quietus: 마지막 일격, 결정타 hitherto: 지금까지는 assail: 맹렬히 공격하다, 습격하다, 과감히 부딪히다

"자존심 센 거만한 놈 같으니." 후크가 말하였다. "무덤에 갈 준비나 하여라."

"음흉하고 못된 놈." 피터가 말했다. "네 무덤이나 준비해라."

더이상 말을 주고받지 않고 그들은 싸움을 시작하였으나 양쪽 모두에게 승세는 없었다. 피터는 뛰어난 검객이었기에 때때로 그의 발을 스치는 찌르기 공격을 눈부실 정도로 빠르게 받아넘겼으나, 그의 공격 거리가 짧았기 때문에 불리한 위치여서 칼로 찌를 수가 없었다. 후크도 손목 움직임이 그리 민첩하지 못하지만 뒤떨어지지 않는 검객이었기에, 오래 전에 리오데자네이루에서 바비큐에게서 배웠던, 그가 좋아하는 찌르기 공격으로 모든 것을 빨리 끝내려고 그를 몰아세웠으나, 놀랍게도 이 찌르기는 계속 빗나갔다. 그래서 그는 이때까지 계속 공중을 가르던 그의 쇠갈고리로 마지막 끝내기 일격을 가하려고 하였으나 피터는 맹렬하게 찌르면서 그의 공격을 막아내고 그의 갈비뼈를 꿰뚫었다. 여러분도 알다시피 공격적이게 하는 그 독특한 색의 피를 보자, 후크의 손에서 칼이 떨어졌으며, 그의 목숨은 피터의 수중에 달리게 되었다.

"이겼다." 모든 소년들이 소리를 질렀으나 피터는 과장된 몸짓으로 그의 상대가 다시 칼을 잡도록 하였다. 후크는 재빨리 칼을 움켜쥐었으나 피터가 호의를 베풀고 있다는 비극적인 생각이 들었다.

지금까지는 그는 그것이 호각지세의 싸움이었다고 생각하였는데 이제 그에게 무서운 생각이 엄습하였다.

음흉: 음침하고 흉악함
호각지세: 서로 조금도 낫고 못함이 없는 형세

a little bird that has broken out of the egg.

This, of course, was nonsense; but it was proof to the unhappy Hook that Peter did not know in the least who or what he was, which is the very pinnacle of good form.

"To 't again," he cried despairingly.

He fought now like a human flail, and every sweep of that terrible sword would have severed in twain any man or boy who obstructed it; but Peter fluttered round him as if the very wind it made blew him out of the danger zone. And again and again he darted in and pricked.

Hook was fighting now without hope. That passionate breast no longer asked for life; but for one boon it craved: to see Peter show bad form before it was cold for ever.

Abandoning the fight he rushed into the powder magazine and fired it.

"In two minutes," he cried, "the ship will be blown to pieces."

Now, now, he thought, true form will show.

But Peter issued from the powder magazine with the shell in his hands, and calmly flung it overboard.

What sort of form was Hook himself showing? Misguided man though he was, we may be glad, without sympathizing with him, that in the end he was true to the

---

pinnacle: 정점, 절정 flail: 도리깨 despairingly: 자포자기하여, 절망적으로
sweep: 한번 휘두르기, 베어넘기기 obstruct: 길을 막다, 차단하다, 방해하다
flutter: 훨훨 날다 prick: 찌르다 boon: 은혜, 혜택 powder magazine: 화약고
misguide: 잘못 지도하다

"팬, 도대체 넌 어떤 놈이냐?" 그가 허스키한 목소리로 물었다.

"나는 젊고 즐거운 사람이다." 피터가 되는 대로 엉뚱하게 지껄였다. "나는 달걀에서 나온 작은 새다."

이것은 물론 넌센스이지만, 불행한 후크에게 그것은 그가 자신에 대해서 아무것도 모른다는 증거를 보여주는 것이었으며, 호의의 최고 경지였다.

"다시 싸우자." 그가 절망하여 말했다.

그는 지금 인간 도리깨마냥 싸우고 있으며 모든 것을 휩쓴 무시무시한 칼은 그를 방해하는 그 어떤 어른이나 소년들도 둘로 절단해 버릴 것 같았다. 그러나 피터는 그가 위험 지역을 벗어나도록 자신을 날려보냈던 바람처럼 그의 주위를 훨훨 날아다녔다. 그리고 계속해서 그는 찌르고 찔렀다.

후크는 지금 아무런 희망도 없이 싸우고 있었다. 그 정열적인 가슴도 더이상 삶의 미련이 없었으며 가슴이 영원히 식기 전에 나쁜 피터의 모습을 보고 싶었다. 싸움을 포기하고는 그는 화약고로 뛰어들어가 화약고에 불을 붙였다.

"이분 후면," 그가 소리쳤다. "배는 산산조각이 날 것이다."

이제야말로 진정한 모습을 보여줄 때라고 그는 생각하였다. 그러나 피터는 손으로 화약고에서 포탄을 꺼내와 조용히 배 밖으로 던져 버렸다.

후크 자신은 어떤 모습을 보여줄까? 비록 그는 잘못 인도된

호의:좋게 생각하는 마음씨

traditions of his race. The other boys were flying around him now, flouting, scornful; and as he staggered about the deck striking up at them impotently, his mind was no longer with them; it was slouching in the playing fields of long ago, or being sent up for good, or watching the wall-game from a famous wall. And his shoes were right, and his waistcoat was right, and his tie was right, and his socks were right.

James Hook, thou not wholly unheroic figure, farewell.

For we have come to his last moment.

Seeing Peter slowly advancing upon him through the air with dagger poised, he sprang upon the bulwarks to cast himself into the sea. He did not know that the crocodile was waiting for him; for we purposely stopped the clock that this knowledge might be spared him: a little mark of respect from us at the end.

He had one last triumph, which I think we need not grudge him. As he stood on the bulwark looking over his shoulder at Peter gliding through the air, he invited him with a gesture to use his foot. It made Peter kick instead of stab.

At last Hook had got the boon for which he craved.

"Bad form," he cried jeeringly, and went content to the

---

flout: 비웃다, 조롱하다 impotently: 무기력하게 slouch: 축 늘어지다 waistcoat: 조끼 bulwark: 현장(갑판 주위의 파도를 피하기 위한 뱃전) grude: 인색하다, 아까워하다 glide: 활공하다, 날다 stab: 찌르기 boon: 혜택, 은혜, 이익

사람일지라도 우리는 그를 동정하지 않고 결국에 그가 민족의 전통에 따른다는 것을 기뻐할지 모른다. 다른 소년들이 비웃고 조롱하며, 지금 그의 주위를 날고 있었다. 무기력하게 그들을 저지하며 갑판을 걸어다닐 때 그의 마음은 더이상 그들에게 있지 않았다. 그의 마음은 옛날에 놀던 운동장에 가 있거나, 영원히 놀림을 당하거나, 유명한 경기장에서 이튼식 축구를 관전하고 있었다. 그의 신발, 조끼, 타이, 그리고 양말 모두 깨끗하였다.

제임스 후크, 그대 패잔병이여, 안녕.

우리는 이제 그의 최후의 순간에 와 있다.

단도를 꿰찬 채 공중을 날며 그에게로 다가오는 피터를 천천히 바라보며 그는 바다 속으로 몸을 던지기 위해 뱃전으로 뛰어올랐다. 그는 악어가 기다리고 있다는 사실을 모르고 있었다. 왜냐하면 우리가 일부러 시계를 멈추게 하였으며 이러한 사실이 그에게 알려지지 않도록 하였던 것이다. 우리 모두에게 찬사를.

그는, 내가 생각하기에 우리가 인색해서는 안 될 최후의 승리를 얻었다. 그의 어깨 너머로 피터가 날아오는 것을 보며 뱃전에 서 있을 때, 그는 발길질하는 제스처로 그를 맞이하였으며, 피터는 칼로 찌르는 대신에 발로 차 버렸다.

마침내 후크는 그가 갈망하던 은혜를 입은 것이다.

"악한 모습이구나."라고 조롱하며 만족한 채로 그는 악어 밥이 되었다.

찬사: 칭찬하는 말

crocodile.

Thus perished James Hook.

"Seventeen," Slightly sang out; but he was not quite correct in his figures. Fifteen paid the penalty for their crimes that night; but two reached the shore: Starkey to be captured by the redskins, who made him nurse for all their papooses, a melancholy comedown for a pirate; and Smee, who henceforth wandered about the world in his spectacles, making a precarious living by saying he was the only man that Jas. Hook had feared.

Wendy, of course, had stood by taking no part in the fight, though watching Peter with glistening eyes; but now that all was over she became prominent again. She praised them equally, and shuddered delightfully when Michael showed her the place where he had killed one; and then she took them into Hook's cabin and pointed to his watch which was hanging on a nail. It said 'half-past one' !

The lateness of the hour was almost the biggest thing of all. She got them to bed in the pirates' bunks pretty quickly, you may be sure; all but Peter, who strutted up and down on deck, until at last he fell asleep by the side of Long Tom. He had one of his dreams that night, and cried in his sleep for a long time, and Wendy held him tight.

papoose: (아메리카 원주민의)어린애 henceforth: 이제부터는, 금후
precarious: 불확실한, 불안정한, 위험한 glisten: 반짝이다, 빛나다
prominent: 두드러진, 현저한 nail: 손톱, 발톱, 못, 징 bunk: 침대 strut: 어깨를 으쓱대며 걷다 Long Tom:장신포(長身砲)

그렇게 제임스 후크가 죽었다.

"열 일곱." 슬라이틀리가 노래를 불렀다. 그러나 그의 셈은 틀렸다. 그 날밤 열다섯 놈은 그들이 저지른 죄악의 업보로 죽었지만, 두 놈이 살아서 해변가에 도착했던 것이다. 스타키는 인디언들에게 잡혀서 해적으로서는 비참한 신세인, 아이들을 돌보는 사람이 되었으며, 스미는 자신이 바로 제임스 후크가 무서워했던 유일한 사람이라고 말하고 다니면서 불안정한 생활을 하며, 안경을 쓴 채 세상을 떠돌아다녔다.

웬디는 물론, 비록 반짝이는 눈으로 피터를 바라보기는 하였지만 싸움에 끼지 않은 채 한쪽에 서 있었다. 그러나 모든 것이 끝난 지금 그녀는 다시 유명해졌다. 그녀는 그들을 똑같이 칭찬하였으며, 마이클이 그가 한놈을 죽였던 장소를 보여주자 기뻐서 어깨를 들썩였다. 그러고 나서 그녀는 그들을 후크의 선실로 데려가 못에 걸려 있던 그의 시계를 보여 주었다. 시계는 '한 시 반'을 가리키고 있었다.

시간에 늦는 것은 모든 일들 중 가장 중요한 것이었다. 그녀가 즉시 피터를 뺀 그들을 해적들의 선실 침대로 데려가 재웠을 것이라는 것을 여러분은 확신할지 모른다. 피터는 마침내 장신포 옆에서 잠들 때까지 어깨를 으쓱대며 갑판을 이리저리 걸어다녔다. 그는 그날밤 꿈을 하나 꾸었으며 잠속에서 오랫동안이나 우는 바람에 웬디가 그를 꼭 껴안았다.

업보:전세에 지은 악업의 앙갚음

CHAPTER 15

The Return Home

We must now return to that desolate home from which three of our characters had taken heartless flight so long ago. It seems a shame to have neglected No. 14 all this time; and yet we may be sure that Mrs. Darling does not blame us. If we had returned sooner to look with sorrowful sympathy at her, she would probably have cried, "Don't be silly; what do I matter? Do go back and keep an eye on the children." So long as mothers are like this their children will take advantage of them; and they may lay to that.

The children are coming back, that indeed they will be here on Thursday week. This would spoil so completely the surprise to which Wendy and John and Michael are looking forward. They have been planning it out on the ship: mother's rapture, father's shout of joy, Nana's leap through the air to embrace them first, when what they ought to be prepared for is a good hiding. How delicious to spoil it all by breaking the news in advance; so that when they enter grandly Mrs. Darling may not even offer

---

neglect: 게을리하다, 무시하다 rapture: 광희(狂喜), 환희 embrace: 포옹하다, 껴안다 spoil: 망치다

제 15 장
집으로

이제 우리는 우리의 세 주인공이 오래 전에 무정하게 날아가 버린 그 쓸쓸한 집으로 되돌아 가야 한다. 지금까지 14번가에 대해 무관심했다는 것은 부끄러운 일인 것 같지만, 확신컨데 다링 부인은 우리를 비난하지 않을 것이다. 우리가 좀더 일찍 슬픈 동정심으로 그녀를 살피기 위해 되돌아왔더라면, 그녀는 아마, "바보 같은 짓을 하지 말아요. 내게 무슨 문제가 있겠어요? 되돌아가서 아이들이나 살펴요."라고 소리칠 것이다. 어머니들이 이와 같으면 아이들은 어머니들을 이용하려고 할 것이며, 그들은 거기에 속을 것이다.

아이들이 돌아오고 있는 중이며, 정말로 그들이 목요일에 여기에 도착할 것이라고 그녀에게 말하는 것이다. 이것은 웬디와 존, 마이클이 고대하고 있는 놀라움을 완전히 망칠 것이다. 그들은 배에서 계획을 세웠다. 그들이 숨은 장소를 찾을 때의 엄마의 환희와 아빠의 즐거운 외침, 그리고 먼저 그들을 포옹하려고 하는 공중을 가로지르는 나나의 도약을 생각하였다. 우리가 미리 그 소식을 발설함으로써, 그들이 멋지게 들어왔을 때 다링 부인은 뽀뽀할 입조차 내밀지 않고 다링씨는 토라져서 "모두 뛰어들어오는군, 녀석들이 다시 돌아왔네."라고 말함으로

발설:입 밖으로 말을 냄

Wendy her mouth, and Mr. Darling may exclaim pettishly, "Dash it all, here are those boys again." However, we should get no thanks even for this. We are beginning to know Mrs. Darling by this time, and may be sure that she would upbraid us for depriving the children of their little pleasure.

"But, my dear madam, it is ten days till Thursday week; so that by telling you what's what, we can save you ten days of unhappiness."

"Yes, but at what a cost! By depriving the children of ten minutes of delight."

"Oh, if you look at it in that way."

"What other way is there in which to look at it?"

You see, the woman had no proper spirit. I had meant to say extraordinarily nice things about her; but I despise her, and not one of them will I say now. She does not really need to be told to have things ready, for they are ready. All the beds are aired, and she never leaves the house, and observe, the window is open. For all the use we are to her, we might go back to the ship.

The only change to be seen in the night-nursery is that between nine and six the kennel is no longer there. When the children flew away, Mr. Darling felt in his bones that

---

pettishly: 토라져서, 골을 내며 upbraid: 꾸짖다, 비난하다, 책망하다
extraordinary: 이상한

써 그것을 망치면 얼마나 재미있을까! 그러나 그렇게 해서는 고맙다는 말조차 듣지 못할 것이다. 우리는 이제 다링 부인에 대해 알게 될 것이며 그녀는 우리가 아이들의 작은 즐거움을 앗아가 버렸다고 우리를 비난할 것이다.

"그렇지만 부인, 다음 주 목요일까지는 열흘이나 남아 있습니다. 따라서 당신에게 경위를 말함으로써 당신에게서 10일간 기다리는 불행을 줄여줄 수 있어요."

"그렇기는 하지만, 그것이 아이들의 십분간의 행복을 앗아가면서까지 누릴 만한 것은 아니예요."

"오, 그런 식으로 보아서는 안 됩니다."

"그러면 어떤 식으로 보아야 하죠?" 여러분이 알듯이 그녀는 제 정신이 아니었다. 나는 그녀에게 희소식을 전해 주고자 하였다. 그러나 나는 이제 그녀를 멸시하고 있으며, 그에 대해 한 마디도 안 할 것이다. 사실 그녀는 준비를 하기 위해 미리 소식을 들어야 할 필요가 없었다. 모든 준비가 되어 있었던 것이다. 침대는 모두 정돈되어 있었으며, 그녀는 결코 집을 떠나지 않았으며, 창문이 열려 있는지를 주시하고 있었다. 우리가 그녀에게 할 수 있는 것이라고는 배로 돌아가는 것밖에 없었다.

밤에 아이들방에서 볼 수 있는 유일한 변화는 아홉 시에서 여섯 시 사이에는 개집이 그곳에 있지 않다는 것이다. 아이들이 날아가 버리자 다링씨는 모든 잘못이 나나를 묶어 놓은 자신에게 있으며 처음부터 끝까지 나나가 그보다 현명하였다는

경위: 일의 옳고 그름이나 이러하고 저러함의 분별

all the blame was his for having chained Nana up, and that from first to last she had been wiser than he. Of course, as we have seen, he was quite a simple man; indeed he might have passed for a boy again if he had been able to take his baldness off; but he had also a noble sense of justice and a lion courage to do what seemed right to him; and having thought the matter out with anxious care after the flight of the children, he went down on all fours and crawled into the kennel. To all Mr. Darling's dear invitations to him to come out he replied sadly but firmly:

"No, my own one, this is the place for me."

In the bitterness of his remorse he swore that he would never leave the kennel until his children came back. Of course this was a pity; but whatever Mr. Darling did he had to do in excess; otherwise he soon gave up doing it. And there never was a more humble man than the once proud George Darling, as he sat in the kennel of an evening talking with his wife of their children and all their pretty ways.

Very touching was his deference to Nana. He would not let her come into the kennel, but on all other matters he followed her wishes implicitly.

Every morning the kennel was carried with Mr. Darling

---

baldness: 대담함, 무례함 anxious: 걱정하는, 근심의 crawl: 기다, 기어가다
kennel: 개집 firmly: 단호하게 remorse: 후회 give up: 포기하다, 중단하다
touching: 애처로운 deference: 복종, 충성 implicitly: 무조건적으로

것을 뼛속 깊이 깨달았다. 물론 우리가 알고 있듯이 그는 매우 단순한 사람이다. 정말로 그가 단순함을 벗어버릴 수만 있었다면 그는 다시 소년처럼 행동하였을 것이다. 그러나 그는 또한 고상한 정의감과 그에게 옳다고 여겨지는 일들을 할 수 있는 사자와 같은 용기를 지니고 있었기에, 아이들이 날아간 후, 근심스레 그 문제를 숙고한 후에 팔다리로 기어서 개집속으로 들어가 버렸다. 개집에서 나오라는 다링 부인의 모든 간곡한 부탁에 그는 슬프고도 단호하게 대답하였다.

"아니오, 여보. 여기가 바로 내가 있어야 할 곳이오."

매우 후회하면서 그는 아이들이 되돌아 오기 전에는 개집을 떠나지 않겠다고 맹세하였다. 물론 이것은 유감스러운 일이다. 그러나 다링씨는 무슨 일을 하든 간에 과도하게 하지 않으면 안 되었다. 그렇지 않으면 그는 곧 그 일을 중단해버리고 마는 것이다. 저녁에 개집 속에 앉아서 그의 부인과 함께 그들의 자녀와 그들의 행복했던 일에 대해 이야기할 때면 한때 자존심 세던 죠지 다링보다 더 비천한 사람은 결코 없다.

나나에 대한 그의 복종은 매우 애처로운 것이었다. 그는 나나가 개집에는 들어오지 못하게 하였으나 다른 모든 문제에 대해서는 나나가 원하는 것을 무조건 따랐다.

매일 아침, 다링 씨가 안에 들어 있는 채로 개집이 합승마차 속에 옮겨졌으며 마차는 그를 사무실로 실어다 주었고, 여섯 시에는 같은 방식으로 집으로 돌아왔다. 그가 그의 이웃들의

숙고: 곰곰히 잘 생각함
과도하다: 지나치다

in it to a cab, which conveyed him to his office, and he returned home in the same way at six. Something of the strength of character of the man will be seen if we remember how sensitive he was to the opinion of neighbours: this man whose every movement now attracted surprised attention. Inwardly he must have suffered torture; but he preserved a calm exterior even when the young criticised his little home, and he always lifted his hat courteously to any lady who looked inside.

It may have been quixotic, but it was magnificent. Soon the inward meaning of it leaked out, and the great heart of the public was touched. Crowds followed the cab, cheering it lustily; charming girls scaled it to get his autograph; interviews appeared in the better class of papers, and society invited him to dinner and added, "Do come in the kennel."

On that eventful Thursday week Mrs. Darling was in the night-nursery awaiting George's return home; a very sadeyed woman. Now that we look at her closely and remember the gaiety of her in the old days, all gone now just because she has lost her babes, I find I won't be able to say nasty things about her after all. If she was too fond of her rubbishy children she couldn't help it. Look at her

cab: 합승마차, 택시 exterior: 외모, 외관, 외양 courteously: 정중하게, 예의바르게 quixotic: 동키호테식의, 동키호테같은 magnificent: 당당한 inward: 내심의, 내면의 leak out: 누설되다 cheer: 환호하다, 박수갈채를 하다 gaiety: 쾌활한, 명랑함 nasty: 불쾌한, 더러운 생각에 민감하게 반응하던 사람이었다는 것을 기억한다면, 그의 강한 성격의 한 면을 깨닫게 된다. 지금 이 남자의 행동은 놀라운 시선을 끌고 있다. 속으로는 매우 고통스러울 것임에도 젊은이들이 그의 조그마한 집에 대해 놀려댈지라도 침착한 표정을 지었으며, 여자들이 속을 들여다 볼 때면 항상 정중하게 모자를 벗고 인사를 하였다.

그것이 돈키호테식의 행동이었을지 모르나 당당한 행위였다. 곧 그 내면의 의미가 알려지면서 사람들의 따뜻한 사랑이 전해졌다. 그의 행위를 환호하면서 군중들이 마차를 뒤따랐으며 예쁜 아가씨들이 그의 사인을 받고자 마차 위로 올라왔고 인터뷰 기사가 상류사회의 신문에 실렸으며 상류사회에서는 "개집 속에 있는 채로 오십시오."라고 덧붙여 그를 저녁 식사에 초대하였다.

그 운명의 목요일에 다링 부인은 죠지가 돌아오길 기다리며 아이들방에 있었다. 그녀는 매우 슬픈 눈을 하고 있었다. 옛날에 그녀가 쾌활했던 모습을 기억하며 그녀를 자세히 살펴보지만, 아이들을 잃어버렸기 때문에 옛날의 화려하던 모습은 모두 사라져버렸다. 그럼에도 그녀에게는 그 어떤 불쾌한 것이라곤 없었다. 그녀가 그녀의 어리석은 아이들을 매우 사랑하였다면 그녀가 그것을 피할 수는 없을 것이다. 안락 의자에 앉아 잠이 든 그녀를 보라. 맨처음 눈길이 가는 그녀의 입 언저리는 메말라 있다. 그녀는 가슴이 아프기라도 한 것처럼 쉴새없이 손을

in her chair, where she has fallen asleep. The comer of her mouth, where one looks first, is almost withered up. Her hand moves restlessly on her breast as if she had a pain there. Some like Peter best and some like Wendy best, but I like her best. Suppose, to make her happy, we whisper to her in her sleep that the brats are coming back. They are really within two miles of the window now, and flying strong, but all we need whisper is that they are on the way. Let's.

It is a pity we did it, for she has started up, calling their names; and there is no one in the room but Nana.

"O Nana, I dreamt my dear ones had come back."

Nana had filmy eyes, but all she could do was to put her paw gently on her mistress's lap; and they were sitting together thus when the kennel was brought back. As. Mr. Darling puts his head out at it to kiss his wife, we see that his face is more worn than of yore, but has a softer expression.

He gave his hat to Liza, who took it scornfully; for she had no imagination, and was quite incapable of understanding the motives of such a man. Outside, the crowd who had accompanied the cab home were still cheering, and he was naturally not unmoved.

---

rubbish: 망나니의, 어리석은, 못된 restlessly: 끊임없이, 쉬지않고 whisper: 속삭이다, 중얼거리다 start: 흠칫하다 filmy: 가는, 가늘게, 뜬 gently: 가지런히 yore: 옛날, 옛적 scornfully: 조소(조롱)하듯 accompany: 수행하다, 동반하다

가슴에서 움직였다. 어떤이들은 피터를 제일 좋아하며 어떤이들은 웬디를 제일 좋아하지만 나는 다링 부인이 제일 좋다. 잠이 든 그녀에게 개구쟁이들이 돌아오고 있다고 소근대어 그녀를 행복하게 하면 어떨까? 그들은 진짜로 지금 창문에서 2마일 밖에 와 있으며 열심히 날아오고 있는데, 우리가 속삭이고자 하는 것은 그들이 집으로 오고 있다는 것이다. 해 보자.

우리가 그녀에게 속삭인 것은 잘못된 일이었다. 왜냐하면 그녀가 아이들의 이름을 부르며 갑자기 흠칫거렸기 때문이다. 방에는 나나밖에 없었다.

"오, 나나. 아이들이 돌아오는 꿈을 꾸었다."

나나는 눈을 가늘게 떴는데 나나가 할 수 있는 것이란 주인마님의 무릎에 앞발을 가지런히 놓는 것뿐이었다. 개집이 돌아올 때 그들은 그렇게 앉아 있었다. 부인에게 키스를 하기 위해 다링 씨가 개집 밖으로 그의 머리를 꺼냈을 때 우리는 그의 얼굴이 전보다 더욱 수척해졌지만 더욱 온화한 표정을 하고 있음을 본다.

그는 모자를 벗어 리자에게 주었으며 리자는 그것을 조롱하듯 받았다. 그녀는 상상력이 부족했기에 그러한 사람의 동기를 이해할 수 없었던 것이다. 밖에서는 마차를 따라왔던 군중들이 아직도 환호하고 있었으며 그는 자연스레 냉정해졌다.

"저들에게 귀를 기울여봐라." 그가 말했다. "기쁘지 않니?"

"꼬마들인데요." 리자가 비꼬았다.

수척:야위고 파리함

"Listen to them," he said; "it is very gratifying."

"Lot of little boys," sneered Liza.

"There were several adults to-day," he assured her with a faint flush; but when she tossed her head he had not a word of reproof for her. Social success had not spoilt him; it had made him sweeter. For some time he sat half out of the kennel, talking with Mrs. Darling of this success, and pressing her hand reassuringly when she said she hoped his head would not be turned by it.

"But if I had been a weak man," he said. "Good heavens, if I had been a weak man!"

"And, George," she said timidly, "you are as full of remorse as ever, aren't you?"

"Full of remorse as ever, dearest! See my punishment: living in a kennel."

"But it is punishment, isn't it, George? You are sure you are not enjoying it?"

"My love!"

You may be sure she begged his pardon; and then, feeling drowsy, he curled round in the kennel.

"Won't you play me to sleep," he asked, "on the nursery piano?" and as she was crossing the day-nursery he added thoughtlessly, "And shut that window. I feel a draught."

---

unmoved: 냉정한 gratity: 기쁘게하다 sneer: 비웃다 flush: 얼굴이 붉어진, 홍조의 spoil: 망치다, 버리게하다 weak: 나약한, 연약한 remorse: 후회, 자책, 양심의 가책 beg one's pardon: 용서를 빌다

"오늘은 어른도 몇 명 있었다." 얼굴을 약간 붉히며 그가 그녀에게 확신시켰으나 그녀가 머리를 돌렸을 때에는 그녀에게 다시 증명할 말이 없었다. 사회적인 성공이 그를 망치지 않았으며 그를 더욱 유순하게 하였다. 한동안 그는 다링 부인과 이러한 성공에 대해 이야기하며, 그녀가 그것 때문에 그의 생각이 변하지 않기를 바란다고 했을 때 확신이라도 시키듯 그녀의 손을 잡은 채 개집에서 반쯤 빠져나와 앉아 있었다.

"그렇지만 만약 내가 연약한 사람이었더라면," 그가 말했다. "큰일 날 뻔했네. 만약 내가 연약한 사람이었다면!"

"그런데, 죠지." 그녀가 머뭇거리며 말했다." 당신 오늘 특히 더욱 슬퍼보이는데 맞아요?"

"아주 슬퍼, 여보. 개집에서 사는 내 업보 좀 봐요."

"그렇지만, 이건 벌이죠? 이것을 즐기고 있지 않다는 걸 확신해요?"

"여보!"

여러분이 확신하듯 그녀는 그에게 사과하였으며 그리고 나서, 졸음이 오자 그는 개집 속에서 몸을 둥글게 오무렸다.

"잠이 들게 아이들방에 있는 피아노좀 쳐주겠소?" 그가 부탁하자 그녀가 아이들방으로 건너가는데 그가 무심결에 덧붙여 말했다. "그리고 창문 좀 닫아요. 외풍이 부는 것 같소."

"오, 죠지. 나에게 그런 말 하지 말아요. 그 애들을 위해서 창문은 항상 열려 있어야만 해요, 항상, 항상이라고요."

"O George, never ask me to do that. The window must always be left open for them, always, always."

Oh no. We have written it so, because that was the charming arrangement planned by them before we left the ship; but something must have happened since then, for it is not they who have flown in, it is Peter and Tinker Bell.

Peter's first words tell all.

"Quick, Tink," he whispered, "close the window; bar it. That's right. Now you and I must get away by the door; and when Wendy comes she will think her mother has barred her out; and she will have to go back with me."

Now I understand what had hitherto puzzled me, why when Peter had exterminated the pirates he did not return to the island and leave Tink to escort the children to the mainland. This trick had been in his head all the time.

Instead of feeling that he was behaving badly he danced with glee; then he peeped into the daynursery to see who was playing. He whispered to Tink, "It's Wendy's mother. She is a pretty lady, but not so pretty as my mother. Her mouth is full of thimbles, but not so full as my mother's was."

Of course he knew nothing whatever about his mother; but he sometimes bragged about her.

---

charming: 매력적인, 매혹적인, 멋진 arrangement: 계획, 주선 tell: 밝히다, 보여주다 bar: 막다 puzzle: 괴롭히다, 당황하게하다, 혼란스럽게하다 exterminate: 이기다, 박멸(전멸)시키다 escort: 호위(하다) glee: 기쁨, 환희 peep: 엿보다, 들여다보다 daynursery: 탁아소 thimble: 골무

오, 이런. 그것이 우리가 배를 떠나기 전에 그들이 계획한 멋진 생각이었기에 그들이 들어왔다고 썼다. 그런데 그 후에 무슨 일이 일어났음이 분명하다. 왜냐하면 안을 날아들어온 것은 그들이 아니라 피터와 팅커벨이었기 때문이다.

피터의 첫 마디가 모든 것을 분명하게 하였다.

"서둘러, 팅크." 그가 속삭였다. "창문을 닫아라. 막아버려. 그래 됐어. 이제 문옆으로 나가자. 웬디가 와서는 그녀의 엄마가 그녀가 들어오지 못하도록 창문을 막아버렸다고 생각할 거야. 그러면 그녀는 나와 함께 되돌아가야만 할 거야."

피터가 해적들을 무찔렀을 때 섬으로 돌아가면서 팅크에게 아이들을 본토로 호위해 주라고 하여 나를 놀라게 했던 이유를 알겠다. 이런 장난을 항상 생각했던 것이었다.

나쁜 짓을 하고 있다는 것을 깨닫지 못하고 그는 기쁘게 춤을 추었다. 그리고 나서 누가 피아노를 치고 있는지를 보려고 아이들방을 들여다 보았다. 그가 팅크에게 속삭였다. "저분이 웬디의 엄마야. 그녀도 아름답기는 하지만 내 엄마만큼 예쁘지는 않아. 그녀의 입은 골무로 차 있지만 내 엄마만큼 차 있지는 않아."

물론 그는 그의 엄마에 대해 아무것도 몰랐다. 그렇지만 그는 때때로 엄마에 대해 허풍을 떨었다.

그는 연주되고 있는 노래가 무언지를 몰랐다. 그것은 "홈, 스위트 홈"이었다. 그런데 그는 노래가 "돌아와라 웬디야, 웬디,

---

허풍: 너무 과장하여 실속이 없는 말이나 행동

He did not know the tune, which was "Home, Sweet Home," but he knew it was saying, "Come back, Wendy, Wendy, Wendy"; and he cried exultantly, "You will never see Wendy again, lady, for the window is barred."

He peeped in again to see why the music had stopped; and now he saw that Mrs. Darling had laid her head on the box, and that two tears were sitting on her eyes.

"She wants me to unbar the window," thought Peter, "but I won't, not I."

He peeped again, and the tears were still there, or another two had taken their place.

"She's awfully fond of Wendy," he said to himself. He was angry with her now for not seeing why she could not have Wendy.

The reason was so simple: "I'm fond of her too. We can't both have her, lady."

But the lady would not make the best of it, and he was unhappy. He ceased to look at her, but even then she would not let go of him. He skipped about and made funny faces, but when he stopped it was just as if she were inside him, knocking.

"Oh, all right," he said at last, and gulped. Then he unbarred the window. "Come on, Tink," he cried, with a

---

brag: 허풍을 떨다 exultantly: 득의만만하게, 의기양양하게 bar: 빗장을 지르다, 잠기다, 방해하다 box: 피아노 cease: 중단하다, 멈추다 gulp: 침을 꿀꺽 삼키다

웬디." 하고 있다는 것을 알았으며 그는 의기양양하게 말했다. "당신은 웬디를 결코 다시 볼 수 없을 것입니다, 부인. 창문을 닫았기 때문이죠."

그는 왜 음악이 멈췄는지를 알기 위해 다시 안을 들여다 보았다. 그래서 그는 다링 부인이 머리를 피아노 위에 올려놓은 것과 그녀의 눈에 눈물 두 줄기가 맺힌 것을 보았다.

"그녀는 내가 창문을 막지 않기를 바라고 있다." 피터는 생각하였다. "그렇지만 안돼. 그렇게 안 할 거야."

그는 다시 안을 들여다보았으며 아직도 얼굴에는 눈물이 있었으며 다시 눈물 두 줄기가 흘러내렸다.

"그녀는 웬디를 매우 좋아하는구나."라고 생각하였다. 그는 그녀가 왜 웬디를 만날 수 없는지를 그녀가 모르고 있기에 그녀에게 화가 났다.

그 이유는 매우 단순하다. "나도 역시 그녀를 좋아해요. 우리 둘이 동시에 그녀와 같이 있을 수는 없잖아요, 부인."

그러나 그녀는 그렇게 하려고 하지 않았기에 그는 속이 상했다. 그는 그녀를 들여다보는 것을 그만두었으나 그럼에도 그녀 생각이 떠나지 않았다. 그는 깡총깡총 뛰어다니며 얼굴을 환하게 펴려고 하였으나 그것을 멈추자 그녀가 내부에서 그의 마음속을 두드리는 것 같았다.

"그래, 알았어요." 그가 마침내 말하며 꿀꺽하였다. 그리고 나서 그는 창문을 열었다. "이리 와, 팅크. 우리에겐 바보 같은 엄

frightful sneer at the laws of nature; "we don't want any silly mothers"; and he flew away.

Thus Wendy and John and Michael found the window open for them after all, which of course was more than they deserved. They alighted on the floor, quiteunashamed of themselves; and the youngest one had already forgotten his home.

"John," he said, looking around him doubtfully, "I think I have been here before."

"Of course you have, you silly. There is your old bed."

"So it is," Michael said, but not with much conviction.

"I say," cried John, "the kennel!" and he dashed across to look into it.

"Perhaps Nana is inside it," Wendy said.

But John whistled. "Hullo," he said, "there's a man inside it."

"It's father!" exclaimed Wendy.

"Let me see father," Michael begged eagerly, and he took a good look. "He is not so big as the pirate I killed," he said with such frank disappointment that I am glad Mr. Darling was asleep; it would have been sad if those had been the first words he heard his little Michael say.

Wendy and John had been taken aback somewhat at

---

sneer: 비웃다, 비꼬다, 경멸하다 alight: (말, 배등에서)내리다, (나무에)내려앉다 conviction: 유죄판결, 신념, 확신 whistle: 휘파람불다, 지저귀다

마는 필요없어." 자연의 법칙에 대해 냉소하며 말하였다. 그리고 나서 그는 날아가버렸다.

그래서 웬디 존, 마이클은 결국 그들을 위해 창문이 열려 있는 것을 보았는데 그것은 물론 그들이 받기에는 과분한 것이었다. 그들은 전혀 부끄러움 없이 마루 위에 내려앉았다. 막내는 벌써 그의 집을 잊어버렸다.

"존," 의아해하며 그의 주위를 두리번거리며 그가 말하였다. "내가 전에 이곳에 와보았던 것 같은 생각이 드는데."

"물론이지 이 바보야. 저기에 네 낡은 침대가 있잖아."

"그러네?" 완전히 확신하지는 못한 채 마이클이 말하였다.

"야, 개집이다." 존이 말하며 안을 들여다보기 위해 뛰어갔다.

"아마 나나가 안에 있을 거야." 웬디가 말하였다.

그러나 죤이 소리쳤다. "어어! 안에 남자가 한 명 있어." 그가 말하였다.

"아빠다!" 웬디가 소리쳤다.

"나도 아빠를 보게 해줘." 마이클이 간청하였으며 그는 자세히 살펴보았다. "내가 죽였던 해적만큼 크지는 않은데." 라고 매우 실망하여 솔직하게 말하였다. 나는 다링 씨가 잠들어 있었기에 안심이 되었다. 어린 마이클이 처음 하는 말이 그러한 말이었다면 그는 슬펐을 것이기 때문이다.

웬디와 존은 개집에 있는 아버지를 보고는 약간 놀랐다.

finding their father in the kennel.

"Surely," said John, like one who had lost faith in his memory, "he used not to sleep in the kennel?"

"John," Wendy said falteringly, "perhaps we don't remember the old life as well as we thought we did."

A chill fell upon them; and serve them right.

"It is very careless of mother," said that young scoundrel John, "not to be here when we come back."

It was then that Mrs. Darling began playing again.

"It's mother!" cried Wendy, peeping.

"So it is!" said John.

"Then are you not really our mother, Wendy?" asked Michael, who was surely sleepy.

"Oh dear!" exclaimed Wendy, with her first real twinge of remorse, "it was quite time we came back."

"Let us creep in," John suggested, "and put our hands over her eyes."

But Wendy, who saw that they must break the joyous news more gently, had a better plan.

"Let us all slip into our beds, and be there when she comes in, just as if we had never been away."

And so when Mrs. Darling went back to the night-nursery to see if her husband was asleep, all the beds were

---

falteringly: 머뭇거리며 scoundrel: 악동(의), 악한(의) twinge: 양심의 가책, 회한의 정 creep: 기다, 포복하다

"확실히," 그의 기억속에서 확신을 잃어버린 사람처럼 존이 말하였다. "그가 개집 속에서 잠을 잤던 것은 아니겠지?"

"존," 웬디가 머뭇거리며 말하였다. "어쩌면 우리가 생각했던 만큼 옛날의 생활 방식을 기억하고 있지 않을는지도 몰라."

두려움이 그들을 휩쓸었는데 그들에게는 당연하다.

"우리가 돌아왔는데 여기에 있지 않다니 엄마는 정말 무심해." 버릇없는 존이 말하였다.

바로 그 때 다링 부인이 다시 피아노를 치기 시작하였다.

"엄마야." 엿보며 웬디가 말하였다.

"그래 맞아." 존이 말하였다.

"그러면 네가 진짜 엄마가 아니란 말야, 웬디?" 졸리운 마이클이 말하였다.

"그래, 애야. 정말 집으로 돌아왔구나." 처음으로 양심의 가책을 느끼며 웬디가 말하였다.

"기어가서 손으로 그녀의 눈을 가리자." 존이 제안하였다.

그러나 좀더 부드럽게 그 즐거운 소식을 알려야 한다는 것을 알고 있는 웬디가 더 좋은 생각을 하고 있었다.

"침대속으로 들어가서 그녀가 오면 나간 적이 없는 것처럼 있자."

그래서 다링 부인이 남편이 잠들었는지를 보려고 아이들방으로 돌아왔을 때 모든 침대에는 아이들이 있었다. 아이들은 기

occupied. The children waited for her cry of joy, but it did not come. She saw them, but she did not believe they were there. You see, she saw them in their beds so often in her dreams that she thought this was just the dream hanging around her still.

She sat down in the chair by the fire, where in the old days she had nursed them.

They could not understand this, and a cold fear fell upon all the three of them.

"Mother!" Wendy cried.

"That's Wendy," she said, but still she was sure it was the dream.

"Mother!"

"That's John," she said.

"Mother!" cried Michael. He knew her now.

"That's Michael," she said, and she stretched out her arms for the three little selfish children they would never envelop again. Yes, they did, they went round Wendy and John and Michael, who had slipped out of bed and run to her.

"George, George," she cried when she could speak; and Mr. Darling woke to share her bliss, and Nana came rushing in. There could not have been a lovelier sight; but

---

stretch out: 뻗다 slip: 빠지다, 경사되다, 미끌어지다 share: 공유하다 bliss: 기쁨

뻐의 환호를 기다렸으나 들려오지 않았다. 그녀는 그들을 보았으나 그들이 거기에 있다는 사실을 믿지 않았다. 여러분이 알고 있듯이 그녀는 꿈속에서 자주 아이들이 침대에 있는 것을 보았기에 이것이 단지 그녀가 아직도 꾸고 있는 꿈이라고 생각하였다.

그녀는 옛날에 앉아서 아이들을 보살피던 난로가의 안락 의자에 앉았다. 그들은 이것을 이해할 수 없었으며 차가운 두려움이 그들 셋 모두에게 엄습하였다.

"엄마." 웬디가 소리쳤다.

"저건 웬디잖아." 그녀가 말하였으나 아직도 그녀는 꿈이라고 확신하였다.

"엄마."

"저건 존이잖아." 그녀가 말하였다.

"엄마." 마이클이 소리쳤다. 그는 이제 그녀를 알아보았다.

"저건 마이클이잖아."라고 말하며 그녀는 이기적인 세 아이들에게 팔을 뻗어서 오무리지 않으려고 하였다. 웬디와 존, 마이클을 향하여 팔을 뻗자 그들은 침대에서 빠져나와 그녀에게 달려들었다.

그녀가 말을 할 수 있게 되었을 때 "죠지, 죠지."라고 소리쳤다. 그리고 다링 씨는 잠에서 깨어나 기쁨을 함께 했으며 나나도 뛰어 들어왔다. 그보다 더욱 사랑스러운 광경은 없었지만

there was none to see it except a strange boy who was staring in at the window. He had ecstasies innumerable that other children can never know; but he was looking through the window at the one joy from which he must be for ever barred.

CHAPTER 16

When Wendy Grew Up

I HOPE you want to know what became of the other boys. They were waiting below to give Wendy time to explain about them; and when they had counted five hundred they went up. They went up by the stair, because they thought this would make a better impression. They stood in a row in front of Mrs. Darling, with their hats off, and wishing they were not wearing their pirate clothes. They said nothing, but their eyes asked her to have them. They ought to have looked at Mr. Darling also, but they forgot about him.

Of course Mrs. Darling said at once that she would have them; but Mr. Darling was curiously depressed, and they saw that he considered six a rather large number.

"I must say," he said to Wendy, "that you don't do

---

sight: 시각, 시력, 광경　stare: 주시하다, 응시하다　ecstasy: 무아경, 황홀경
innumerable: 셀수없는, 무수한　stair: 계단, 사닥다리　impression: 인상, 자극
in front of: ~의 앞에　depressed: 낙담한, 풀이 죽은

창문에서 안을 주시하던 한 이방의 소년을 제외하고는 그것을 본 사람은 아무도 없었다. 그는 다른 아이들은 결코 알 수 없는 무한한 감동을 느꼈으며, 그는 그에게는 영원히 가로막혀 있어야만 하는 그 즐거움을 창문을 통해 바라보고 있었다.

제 16 장
웬디가 어른이 된 후

나는 여러분이 다른 소년들은 어떻게 되었는지를 알고 싶어하기를 바란다. 그들은 웬디에게 그들에 대해 설명할 시간을 주기 위해 아래에서 기다리고 있었으며 오백까지 세고 나서 위로 올라갔다. 그들은 계단으로 올라갔는데 그렇게 하는 것이 더 좋은 인상을 줄 것이라고 생각하였기 때문이다. 그들은 모자를 벗고서, 해적옷을 입고 오지 않았어야 했는데라고 생각하며 다링 부인 앞에 한 줄로 서 있었다. 그들이 아무말도 하지는 않았지만, 그들의 눈은 그녀가 그들을 받아들이기를 간청하고 있었다. 다링씨도 보아야 했으나 그에 대해서는 깜빡하고 있었다.

물론 다링 부인은, 즉시 그들을 받아들이겠다고 하였으나 다링 씨는 이상하게도 조금 낙담하여 있었으며, 그들은 그가 여섯 명은 너무 많은 편이라고 생각하고 있다는 것을 알았다.

"나는 네가 일을 반쯤 하다가 그만두어서는 안된다고 생각한

이방:인정 풍속이 다른 남의 나라
낙담:잔뜩 바라던 것이 뜻대로 아니 되어 갑자기 마음이 상함

things by halves," a grudging remark which the twins thought was pointed at them.

The first twin was the proud one, and he asked, flushing, "Do you think we should be too much of a handful, sir? Because if so we can go away."

"Father!" Wendy cried, shocked; but still the cloud was on him. He knew he was behaving unworthily, but he could not help it.

"We could lie doubled up," said Nibs.

"I always cut their hair myself," said Wendy.

As for Peter, he saw Wendy once again before he flew away. He did not exactly come to the window, but he brushed against it in passing, so that she could open it if she liked and call to him. That was what she did.

"Hullo, Wendy, good-bye," he said.

"Oh dear, are you going away?"

"You don't feel, Peter," she said falteringly, "that you would like to say anything to my parents about a very sweet subject?"

"No."

"About me, Peter?"

"No."

Mrs. Darling came to the window, for at present she was

---

grudge: 마지못해하다 remark: 논평, 언급 behave: 행동하다, 처신하다
double up: 몸을 둥글게 구부리다 falteringly: 머뭇거리며

다는 것을 말해야겠다." 그가 웬디에게 말하자 쌍둥이들은 그 말이 자신들을 가리키며 하는 말이라고 생각하였다.

첫번째 쌍둥이는 자존심이 세었기에 얼굴을 붉히며 그가 물었다. "우리가 귀찮은 아이들이라고 생각하십니까, 아저씨? 그렇다면 우린 돌아가겠습니다."

"아빠!" 하며 웬디가 충격을 받아 소리쳤지만 아직도 그에게 구름이 끼어 있었다. 그는 자신이 어리석게 행동하고 있다는 것을 알고 있었으면서도 그것을 피할 수는 없었다.

"우리는 몸을 구부릴 수도 있어요." 닙스가 말하였다.

"항상 내가 직접 그들의 머리를 잘라 줄거예요." 웬디가 말하였다.

피터에 대해 이야기하자면, 그는 떠나기 전에 웬디를 다시 만났다. 확실하게 말하자면, 그는 창문으로 온 것은 아니며, 지나가다가 창문에 부딪혔으며 그래서 만약 그녀가 원한다면 창문을 열어 그를 부를 수 있었다. 그녀는 바로 그렇게 하였다.

"안녕, 웬디. 잘 있어." 그가 말하였다.

"아니, 피터. 가려고?"

"그래."

"재미있는 이야기 몇 마디를 나의 부모님에게 말해 주고 싶은 생각이 없니, 피터?" 그녀가 머뭇거리며 물었다.

"없어."

"나에게 말해줄 것도 없니, 피터?"

"없어."

keeping a sharp eye on Wendy. She told Peter that she had adopted all the other boys, and would like to adopt him also.

"Would you send me to school?" he inquired craftily.

"Yes."

"And then to an office?"

"I suppose so."

"Soon I should be a man?"

"Very soon."

"I don't want to go to school and learn solemn things," he told her passionately. "I don't want to be a man. O Wendy's mother, if I was to wake up and feel there was a beard!"

"Peter," said Wendy the comforter, "I should love you in a beard"; and Mrs. Darling stretched out her arms to him, but he repulsed her.

"Keep back, lady, no one is going to catch me and make me a man."

"But where are you going to live?"

"With Tink in the house we built for Wendy. The fairies are to put it high up among the tree tops where they sleep at nights."

"How lovely," cried Wendy so longingly that Mrs.

---

adopt: 양자로 삼다 inquire: 묻다 craftily: 능숙하게, 교묘하게 repulse: 손을 저어 내쫓다 fairy: 요정

다링 부인이 창문으로 왔다. 그녀는 지금 웬디를 날카롭게 주시하고 있었던 것이다. 그녀는 피터에게, 다른 모든 소년들을 양자로 맞아들였으며 그도 양자로 맞아들이고 싶노라고 말하였다.

"나를 학교에 보내주시겠습니까?" 교묘하게 그가 물었다.

"그러마."

"그 다음엔 사무실에도요?"

"그럴 생각이다."

"곧 나는 어른이 될까요?"

"바로."

"나는 학교에 가서 격식 차린 것 따위를 배우고 싶지 않아요." 그가 힘주어 말하였다. "나는 어른이 되고 싶지 않아요. 웬디 어머니, 나는 아침에 일어나 수염이 난 내 모습을 보고 싶지도 않아요."

"피터," 달래며 웬디가 말하였다. "나는 네가 수염이 나더라도 너를 좋아할 거야." 다링 부인이 그에게 팔을 뻗었으나 그는 뿌리쳤다.

"팔을 거둬요, 부인. 그 누구도 나를 붙잡아 어른으로 만들 수 없어요."

"그러면 너는 어디에서 살거니?"

"우리가 웬디를 위해 지었던 집에서 팅크와 함께 살 거예요. 요정들이 그 집을 그들이 밤에 자는 나무꼭대기 높은 곳에 갖다 놓을 거예요."

교묘:솜씨나 슬기가 썩 묘함

Darling tightened her grip.

"I thought all the fairies were dead," Mrs. Darling said.

"There are always a lot of young ones," explained Wendy, who was now quite an authority, "because you see when a new baby laughs for the first time a new fairy is born, and as there are always new babies there are always new fairies. They live in nests on the tops of trees; and the mauve ones are boys and the white ones are girls, and the blue ones are just little sillies who are not sure what they are."

"I shall have such fun," said Peter, with one eye on Wendy.

"It will be rather lonely in the evening," she said, "sitting by the fire."

"I shall have Tink."

"Tink can't go a twentieth part of the way round," she reminded him a little tartly.

"Sneaky tell-tale!" Tink called out from somewhere round the corner.

"It doesn't matter," Peter said.

"O Peter, you know it matters."

"Well, then, come with me to the little house."

"May I, mummy?"

---

longingly: 열망하여, 갈망하여 tighten: 꽉끼게하다 authority: 권위(자)
mauve: 자주색의 tartly: 날카롭게

"얼마나 멋있을까?" 웬디가 몹시 기대하며 말하자, 다링 부인이 그녀를 꽉 움켜잡았다.

"내 생각에 요정들은 모두 죽어버린 것 같은데." 다링 부인이 말하였다.

"요정들은 항상 많이 있어요." 이제 요정에 대해 상당한 권위자인 웬디가 말하였다. "왜냐하면 엄마도 알다시피 새로 아기가 태어나 첫 웃음을 터뜨릴 때 마다 요정이 태어나고, 새로 태어나는 아기들이 있기 때문에 항상 새로운 요정들이 생기게 되요. 그들은 나무 꼭대기의 둥지에서 살며, 엷은 자주색의 요정들은 소년 요정들이고 하얀색의 요정들은 소녀 요정들이며 파란색의 요정들은 자기가 남자인지 여자인지를 구분하지 못하는 얼간이 요정들이예요."

"나에게는 그러한 즐거움들이 있다구요." 피터가 한눈으로 웬디를 바라보며 말하였다.

"밤에 불가에 앉아 있노라면 조금은 외롭겠구나." 그녀가 말하였다.

"나에게는 팅크가 있잖아."

"팅크는 일생의 이십 분의 일도 살 수 없어." 그녀가 그에게 약간 날카롭게 주의를 주었다.

"그건 중요하지 않아." 피터가 말하였다.

"오, 피터. 너는 그것이 중요하다는 것을 알잖아."

"그러면 나와 함께 작은 집으로 돌아갈래?"

"가도 되나요, 엄마?"

권위자: 일정한 분야에서 사회적으로 인정을 받고 영향을 끼칠 수 있는 사람

"Certainly not. I have got you home again, and I mean to keep you."

"But he does so need a mother."

"So do you, my love."

"Oh, all right," Peter said, as if he had asked her from politeness merely; but Mrs. Darling saw his mouth twitch, and she made this handsome offer: to let Wendy go to him for a week every year to do his spring cleaning. Wendy would have preferred a more permanent arrangement; and it seemed to her that spring would be long in coming; but this promise sent Peter away quite gay again. He had no sense of time, and was so full of adventures that all I have told you about him is only a halfpenny-worth of them. I suppose it was because Wendy knew this that her last words to him were these rather plaintive ones:

"You won't forget me, Peter, will you, before spring-cleaning time comes?"

Of course Peter promised; and then he flew away.

Next year he did not come for her. She waited in a new frock because the old one simply would not meet; but he never came.

"Perhaps he is ill," Michael said.

"You know he is never ill."

---

twitch: 홱 잡아 당기다, 씰룩거리다 permanent: 항구적인, 영속의 gay: 명랑한, 쾌활한, 화사한 plaintive: 평범한, 진부한

"물론 안 된다. 다시 너를 얻게 되었으니 너를 곁에 두고 있을 작정이다."

"그렇지만 그는 몹시 엄마를 원해요."

"너에게도 엄마가 필요하단다. 얘야."

"그래, 맞아요." 그는 단지 예의상 그녀에게 물었보았을 뿐이라는 투로 말하였다. 그러나 다링 부인은 그의 입이 씰룩거리는 것을 보았으며, 그래서 그녀는 그가 봄맞이 대청소를 할 때 도와주도록 웬디를 매년 일주일씩 그에게 보내 주겠노라고 제의하였다. 웬디는 영원한 약속을 좋아하였으며, 그녀 생각엔 봄이 오기에는 너무 시간이 긴 것 같았다. 그러나 이 제안에 피터는 다시 즐거워하며 물러났다. 그는 시간 감각이 없었다. 그리고 그는 모험으로 가득 찬 생활을 하였는데, 내가 여러분에게 말해준 모든 것은 그 모험들 중에서 반 페니의 값어치 정도밖에는 없는 것들이다. 내 생각엔 웬디가 이것을 알았기 때문에 그에게 하였던 마지막 말이 다음과 같은, 약간 평범한 말들이었다고 생각한다.

"봄맞이 대청소를 할 시간이 올 때까지 나를 기억할 수 있겠니?"

물론 피터는 그러겠다고 한 후 날아갔다.

다음해에는 그가 오지 않았다. 그녀는 단지 옛날 옷이 맞지 않았기 때문에 새로운 프록코트를 입고 기다렸다. 그러나 그는 결코 오지 않았다.

"어쩌면 그가 아픈지도 몰라." 마이클이 말하였다.

Michael came close to her and whispered, with a shiver, "Perhaps there is no such person, Wendy!" and then Wendy would have cried if Michael had not been crying.

Peter came next spring cleaning; and the strange thing was that he never knew he had missed a year.

That was the last time the girl Wendy ever saw him. For a little longer she tried for his sake not to have growing pains; and she felt she was untrue to him when she got a prize for general knowledge. But the years came and went without bringing the careless boy; and when they met again Wendy was a married woman, and Peter was no more to her than a little dust in the box in which she had kept her toys.

She loved to hear of Peter, and Wendy told her all she could remember in the very nursery from which the famous flight had taken place. It was Jane's nursery now, for her father had bought it at the three per cents from Wendy's father, who was no longer fond of stairs. Mrs. Darling was now dead and forgotten.

There were only two beds in the nursery now, Jane's and her nurse's; and there was no kennel, for Nana also had passed away. She died of old age, and at the end she had been rather difficult to get on with; being very firmly

---

whisper: 속삭이다 pain: 고통 untrue: 진실이 아닌, 충실하지 않은 careless: 부주의한, 경솔한

"그는 결코 아프지 않다는 것을 너도 알잖아."

마이클이 그녀 가까이에 와서 떨면서 속삭였다. "어쩌면 그런 사람은 존재하지 않는지도 몰라, 웬디." 그러고 나면 마이클이 울지 않으면 웬디가 울고는 하였다.

피터는 다음 해 봄맞이 대청소 때에 왔으며 그가 일 년을 빼먹었다는 것을 알지 못하는 이상한 일이 있었다.

그것이 소녀 웬디가 그를 마지막으로 본 것이었다. 그녀는 상당히 오랫동안 그를 위해서 성장하지 않으려고 노력하였다. 그러나 그녀는 일반적인 지식들을 알게 되면서 그녀 자신이 그에게 진실하지 못하다는 것을 느꼈다. 그 조심성 없는 소년이 오지 않은 채 몇 년이 흘렀으며 그가 다시 왔을 때 웬디는 결혼한 여자였으며, 그녀에게 있어서는 피터는 장난감을 보관하는 상자 속의 작은 먼지에 지나지 않았다.

그녀는 피터에 대한 이야기를 듣는 것을 좋아하였으며 웬디는 그 유명한 비행이 일어났던 바로 그 아이들방에서, 기억할 수 있는 모든 것을 그녀의 아이들에게 말했다. 그 방은 제인의 아이들의 방이었다. 왜냐하면 더이상 계단을 좋아하지 않는 웬디의 아버지로부터 제인의 아버지가 사들였기 때문이다. 다링 부인은 이미 죽었고 잊혀진 사람이었다.

지금은 아이들방의 침대가, 제인의 침대와 그녀의 보모의 침대, 두 개밖에 없으며 개집은 없었다. 왜냐하면 나나도 역시 죽었기 때문이다. 나나는 늙어죽었는데, 자기를 빼고는 그 누구도 아이들을 돌보는 방법을 모른다고 너무나 강하게 확신하고 있

비행 : 날아가거나 날아다님

convinced that no one knew how to look after children except herself.

Once a week Jane's nurse had her evening off; and then it was Wendy's part to put Jane to bed. That was the time for stories. It was Jane's invention to raise the sheet over her mother's head and her own, thus making a tent, and in the awful darkness to whisper:

"What do we see now?"

"I don't think I see anything to-night," says Wendy, with a feeling that if Nana were here she would object to further conversation.

"Yes, you do," says Jane, "you see when you were a little girl."

"That is a long time ago, sweetheart," says Wendy. "Ah me, how time flies!"

"Does it fly," asks the artful child, "the way you flew when you were a little girl?"

"The way I flew! Do you know, Jane, I sometimes wonder whether I ever did really fly."

"Yes, you did."

"The dear old days when I could fly!"

"Why can't you fly now, mother?"

"Because I am grown up, dearest. When people grow up

---

firmly: 굳게, 확고하게 convince: 확신하다 conversation: 회화, 대화
sweetheart: 애인, 여보(호칭) artful: 기교를 부리는, 교활한, 교묘한

었기에, 말년에는 함께 지내는 것이 조금 힘들었다.

일주일에 한 번 제인의 보모가 저녁 외출을 하였으며 그 때에는 제인을 재우는 것이 웬디의 일이었다. 이야기가 시작되는 때는 바로 그 때였다. 그녀의 엄마의 시트와 그녀의 시트를 걷어올려 무서운 암흑속에서 속삭일 수 있는 텐트 같은 것을 만드는 것은 제인이 발명한 것이었다.

"오늘 밤에는 아무 생각이 나지 않는 것 같구나." 만약 나나가 여기 있다면 더이상의 이야기를 금지시켰을 것이라고 느끼며, 웬디가 말하였다.

"아니예요, 엄마." 제인이 말하였다. "엄마는 소녀였을 때를 생각하고 있어요."

"그것은 매우 오래전이란다, 얘야." 웬디가 말하였다. "아, 세월은 어찌 이리 빨리 지나가는지!"

"날다니," 그 상상력이 풍부한 꼬마가 물었다. "엄마가 어린 소녀였을 때 엄마가 날던 것처럼 날아가나요?"

"내가 날던 것처럼 나냐구! 난 가끔 내가 정말 날았는지에 대해 아리송하단다, 제인?"

"그래요, 엄마는 진짜로 날았었어요."

"내가 날 수 있던 아름답던 옛날이여!"

"왜 지금은 날 수 없어요, 엄마?"

"내가 어른이 되었기 때문이란다, 얘야. 사람들이 성장하게 되면 나는 방법을 잃어버리게 된단다."

"왜 잃어버리는데요?"

they forget the way."

"Why do they forget the way?"

"Because they are no longer gay and innocent and heartless. It is only the gay and innocent and heartless who can fly."

"What is gay and innocent and heartless? I do wish I was gay and innocent and heartless."

Or perhaps Wendy admits that she does see something.

"I do believe," she says, "that it is this nursery."

"I do believe it is," says Jane. "Go on."

They are now embarked on the great adventure of the night when Peter flew in looking for his shadow.

"The foolish fellow," says Wendy, "tried to stick it on with soap, and when he could not he cried, and that woke me, and I sewed it on for him."

"You have missed a bit," interrupts Jane, who now knows the story better than her mother. "When you saw him sitting on the floor crying, what did you say?"

"I sat up in bed and I said, 'Boy, why are you crying?' "

"Yes, that was it," says Jane, with a big breath.

"And then he flew us all away to the Neverland and the fairies and the pirates and the redskins and the mermaids' lagoon, and the home under the ground, and the little

---

innocent: 때묻지 않은, 순진한, 결백한 heartless: 무정한, 박정한, 냉혹한
embark: 태우다, 승선하다 interrupt: 가로막다, 중단시키다

"더이상 그들이 즐겁지 않고 정직하지 않고 유쾌하지 않기 때문이란다. 날 수 있는 사람은 즐겁고 정직하며 유쾌한 사람뿐이란다."

"즐겁고 정직하며 유쾌하다는 것이 무슨말이예요? 나도 즐겁고 정직하며 유쾌하고 싶어요."

혹, 어쩌면 웬디가 그 어떤 것을 안다고 시인한다.

"내 생각엔 바로 이 아이들방이었던 것 같다." 그녀가 말한다.

"나도 그렇다고 믿어." 제인이 말한다. "계속하세요."

그들은 지금 피터가 그의 그림자를 찾아 날아 들어왔던 그날 밤의 멋진 모험에 대한 이야기를 시작한다.

"그 바보같은 아이는," 웬디가 말한다.

"그것(그림자)을 비누로 붙이려고 노력하다가 붙일 수 없을 때 나를 깨웠고 나는 바느질로 붙여 주었단다."

"많이 빼먹었어요, 엄마." 이젠 그녀의 엄마보다 그 이야기를 더 잘 알고 있는 제인이 끼어든다. "그가 울면서 마루 위에 앉아 있는 것을 보고는 뭐라고 말했어요?"

"나는 침대에 일어나 앉아서 말했단다. 얘, 너는 왜 울고 있는 거니?"

"그래요, 그게 맞아요." 크게 숨을 쉬며 제인이 말한다.

"그리고 나서 그가 우리 모두를 네버랜드와 요정들, 해적들 그리고 원주민들과 인어의 호수, 지하의 집, 그리고 그 작은 집으로 데리고 날아갔단다."

house."

"Yes! which did you like best of all?"

"I think I liked the home under the ground best of all."

"Yes, so do I. What was the last thing Peter ever said to you?"

"The last thing he ever said to me was, 'Just always be waiting for me, and then some night you will hear me crowing.'"

"Yes."

"But, alas, he forgot all about me." Wendy said it with a smile. She was as grown up as that.

"What did his crow sound like?" Jane asked one evening.

"It was like this," Wendy said, trying to imitate Peter's crow.

"No, it wasn't," Jane said gravely, "it was like this"; and she did it ever so much better than her mother.

Wendy was a little startled. "My darling, how can you know?"

"I often hear it when I am sleeping," Jane said.

"Ah yes, many girls hear it when they are sleeping, but I was the only one who heard it awake."

"Lucky you," said Jane.

---

crow: (수탉이)울다, 까마귀 imitate: 모방하다, 흉내내다 gravely: 중대하게, 진지하게

"맞아요! 엄마는 그 중에서 어떤 것이 가장 마음에 들었어요?"

"내 생각엔 지하의 집을 가장 좋아했던 것 같다."

"맞아요, 나도 그래요. 피터가 엄마에게 한 마지막 말은 뭐지요?"

"그가 나에게 한 마지막 말은 '항상 나를 기다려줘. 그러면 어느 날 밤에 내가 까마귀 울음소리를 내는 것을 듣게 될 거야.' 라는 것이었다."

"그래요."

"그러나, 세상에! 그는 나에 대해 모든 것을 잊어버렸단다." 미소를 지으며 웬디가 말하였다. 그녀는 그만큼 성장한 것이다.

"그의 까마귀 울음소리는 어땠어요?" 어느 날 저녁 제인이 물었다.

"이 소리 같단다." 피터의 울음 소리를 흉내내려고 하며 웬디가 말하였다.

"그 소리가 아니예요." 제인이 진지하게 말하였다. "그것은 이 소리 같아요." 그리고 나서 그녀는 그녀보다 훨씬 멋지게 그 소리를 내었다.

웬디는 약간 놀랐다. "애야, 그건 어떻게 아니?"

"잘 때 간혹 그 소리를 들어요." 제인이 말하였다.

"아, 그래. 많은 소녀들이 잘 때 그 소리를 듣게 되는데 깨어서 그 소리를 들은 사람은 내가 유일하단다."

"엄만 운도 좋아요." 제인이 말하였다.

진지하게 : 태도가 참되고 착실하게

And then one night came the tragedy. It was the spring of the year, and the story had been told for the night, and Jane was now asleep in her bed. Wendy was sitting on the floor, very close to the fire, so as to see to darn, for there was no other light in the nursery; and while she sat darning she heard a crow. Then the window blew open as of old, and Peter dropped on the floor.

He was exactly the same as ever, and Wendy saw at once that he still had all his first teeth.

He was a little boy, and she was grown up. She huddled by the fire not daring to move, helpless and guilty, a big woman.

"Hullo, Wendy," he said, not noticing any difference, for he was thinking chiefly of himself and in the dim light her white dress might have been the nightgown in which he had seen her first.

"Hullo, Peter," she replied faintly, squeezing herself as small as possible. Something inside her was crying "Woman, woman, let go of me."

"Hullo, where is John?" he asked, suddenly missing the third bed.

"John is not here now," she gasped.

"Is Michael asleep?" he asked, with a careless glance at

---

darn: 꿰매다, 깁다 huddle: 뒤죽박죽 쌓아올리다, 쑤셔넣다 nightgown: 잠옷 faintly: 희미하게, 힘없이 squeeze: 꽉 죄다, 꼭 껴안다 gasp: 헐떡거리다, 숨이 막히다

그러던 어느 날 밤에 비극이 일어났다. 그 이야기를 했던 그 해 봄에 제인은 이제 그녀의 침대에서 잠자고 있었다. 아이들 방에 다른 불은 없었기 때문에 웬디는 바느질을 하기 위해 불 옆에 앉아 있었으며 바느질을 하다가 그녀는 까마귀 울음소리를 들었다. 그리고 옛날처럼 창문이 열리고는 피터가 마루 위에 내려 앉았다.

그는 거의 옛날 그대로였으며 웬디는 즉시 그가 아직도 젖니를 가지고 있음을 알았다. 그는 어린 소년이었으나 그녀는 성장해 있었다. 그녀는 어른이 된 것에 대해 무기력해하며 죄의식을 느끼며 감히 움직이지도 못하고 불 옆에 움추렸다.

"안녕, 웬디." 아무런 차이점도 깨닫지 못한 채 그가 말했다. 왜냐하면 그는 주로 자신에 대해서만 생각하고 있었기 때문이다. 그리고 희미한 불빛 속에 그녀의 하얀 드레스는 그녀를 처음 보았을 때의 잠옷 같았기 때문이다.

"안녕, 피터." 최대한으로 몸을 움추리며 그녀가 말하였다. 그녀속의 그 무엇이 외치고 있었다. "여자여, 여자여, 나를 원래대로 해다오."

"안녕, 존은 어디에 있지?" 갑자기 세번째 침대를 찾으며 그가 물었다.

"존은 이제 여기에 없어." 그녀가 숨을 헐떡거리며 말하였다.

"마이클은 자고 있니?" 그가 제인을 무심하게 힐끗 보면서 말했다.

"그래." 그녀가 대답하였다. 그녀는 지금 피터뿐만 아니라 제

무기력:기운과 힘이 없음

Jane.

"Yes," she answered; and now she felt that she was untrue to Jane as well as to Peter.

"That is not Michael," she said quickly, lest a judgment should fall on her.

Peter looked. "Hullo, is it a new one?"

"Yes."

"Boy or girl?"

"Girl."

Now surely he would understand; but not a bit of it.

"Peter," she said, faltering, "are you expecting me to fly away with you?"

"Of course; that is why I have come." He added a little sternly, "Have you forgotten that this is spring-cleaning time?"

She knew it was useless to say that he had let many spring-cleaning times pass.

"I can't come," she said apologetically, "I have forgotten how to fly."

"I'll soon teach you again."

"O Peter, don't waste the fairy dust on me."

She had risen; and now at last a fear assailed him. "What is it?" he cried, shrinking.

---

glance: 흘긋 봄, 눈짓 surely: 확실하게 sternly: 엄하게, 단호하게
apologetically: 사과하듯 assail: 엄습하다

인에게도 진실하지 못하다고 느꼈다.

"그는 마이클이 아니야." 그녀가 꾸지람을 듣지 않기 위해 곧바로 말하였다.

피터가 들여다보았다. "새 아기니?"

"그래."

"남자니, 여자니?"

"여자."

이제 그는 확실히 이해하였다. 그러나 사실은 조금도 이해하지 못하였다.

"피터." 그녀가 떨며 말하였다. "내가 너와 함께 날아가길 바라니?"

"물론이지. 그게 바로 내가 온 이유야." 조금은 단호하게 그가 덧붙였다. "지금이 봄맞이 대청소를 하는 때라는 것을 잊었니?"

그가 봄맞이 대청소 하는 것을 몇 번이나 지나쳤다는 것을 말해줘봤자 소용이 없다는 것을 그녀는 알았다.

"나는 갈 수가 없어." 사과하듯 그녀가 말하였다. "나는 나는 법을 잊어버렸어."

"내가 곧 다시 알려줄게."

"오, 피터. 나에게 요정 가루를 허비하지 말아."

그녀가 일어섰으며 마침내 공포가 그를 짓눌렀다.

"무슨 일이니?" 그가 움추리며 물었다.

"불을 켤게." 그녀가 말했다. "그러면 네 스스로 알 수 있을

"I will turn up the light," she said, "and then you can see for yourself."

For almost the only time in his life that I know of, Peter was afraid. "Don't turn up the light," he cried.

She let her hands play in the hair of the tragic boy. She was not a little girl heart-broken about him; she was a grown woman smiling at it all, but they were wet smiles.

Then she turned up the light, and Peter saw. He gave a cry of pain; and when the tall beautiful creature stooped to lift him in her arms he drew back sharply.

"What is it?" he cried again.

She had to tell him.

"I am old, Peter. I am ever so much more than twenty. I grew up long ago."

"You promised not to!"

"I couldn't help it. I am a married woman, Peter."

"No, you're not."

"Yes, and the little girl in the bed is my baby."

"No, she's not."

But he supposed she was; and he took a step towards the sleeping child with his dagger upraised. Of course he did not strike. He sat down on the floor instead and sobbed; and Wendy did not know how to comfort him, though she

---

shrink: 오그라들다, 줄다, 작아지다 tragic: 비극의, 비참한 stoop: 웅크리다, 상체를 굽히다 sharply: 날카롭게, 급격하게 drag: 끌다, 찾다 upraise: 높이 올리다, 들어올리다, 격려하다 sob: 흐느껴 울다, 흐느끼다

거야."

내가 아는 한 이번이 피터가 두려워한 유일한 시간이다. "불을 켜지마." 크게 외쳤다.

그녀는 그 비극적인 소년의 머리에 손을 얹었다. 그녀는 그에게 상심한 어린 소녀가 아니라 단지 그것에 대해 미소를 짓는 어른이었다. 그들은 쓴 웃음을 지었다.

그리고 나서 그녀가 불을 켰으며 피터는 보았다. 그는 고통스런 외마디를 질렀으며 키가 큰 여자가 그를 팔로 들어올리려고 몸을 굽히자 그는 재빨리 뒤로 물러섰다.

"무슨 일이야?" 그가 다시 소리질렀다.

"나는 늙었어, 피터. 나는 스무 살도 훨씬 넘었어. 나는 오래전에 어른이 되었어."

"그러지 않는다고 약속했잖아."

"나도 어쩔 수 없었어. 나는 결혼한 여자야, 피터."

"아니야, 그럴 리 없어."

"아니야, 그리고 침대속에 있는 여자 아이는 내 아이야."

"아니야, 그녀는 네 아이가 아닐 거야."

"아니야, 그녀는 내 아이야."

그러나 그는 웬디의 아이일지 모른다고 생각했으며 잠자는 아이에게로 단도를 차고 한 발자국 다가섰다. 물론 찌르지는 않았다. 그는 흐느껴 우는 대신에 마루 위에 앉았다. 비록 한때는 아주 쉽게 위로하였으나 그를 어떻게 위로해야 할지를 몰랐다. 그녀는 단지 어른이었을 뿐이기에 생각을 좀 하려고 밖으

could have done it so easily once. She was only a woman now, and she ran out of the room to try to think.

Peter continued to cry, and soon his sobs woke Jane. She sat up in bed, and was interested at once.

"Boy," she said, "why are you crying?"

Peter rose and bowed to her, and she bowed to him from the bed.

"Hullo," he said.

"Hullo," said Jane.

"My name is Peter Pan," he told her.

"Yes, I know."

"I came back for my mother," he explained, "to take her to the Neverland."

"Yes, I know," Jane said, "I been waiting for you."

When Wendy returned diffidently she found Peter sitting on the bedpost crowing gloriously, while Jane in her nighty was flying round the room in solemn ecstasy.

"She is my mother," Peter explained; and Jane descended and stood by his side, with the look on her face that he liked to see on ladies when they gazed at him.

"He does so need a mother," Jane said.

"Yes, I know," Wendy admitted rather forlornly; "no one knows it so well as I."

---

diffidently: 자신없이, 소심하게 bedpost: 침대기둥 solemn: 엄숙한, 진지한, 중대한 forlornly: 쓸쓸히, 의지할 곳 없이, 절망적으로

로 나왔다.

피터는 계속해서 소리를 질렀으며 곧 그의 소리가 제인을 깨웠다. 그녀는 일어나 침대에 앉았으며 곧 호기심에 사로잡혔다.

"애," 그녀가 말했다. "넌 왜 소리를 지르고 있니?"

피터는 일어나 그녀에게 인사를 하였으며 그녀도 침대에서 그에게 인사를 하였다.

"안녕," 그가 말하였다.

"안녕." 제인이 말하였다.

"내 이름은 피터 팬이야." 그가 말하였다.

"그래, 나도 알아."

"나는 엄마를 찾기 위해 돌아왔어. 그래서 그녀를 다시 네버랜드로 데리고 가려고." 그가 말했다.

"그래, 나도 알아." 제인이 말하였다. "나는 너를 기다리고 있었어."

웬디가 머뭇거리며 돌아왔을 때 그녀는 피터가 즐겁게 소리지르며 침대 기둥 위에 앉아 있고 제인은 잠옷을 입은 채 경건한 환희 속에서 방을 날아다니는 것을 보았다.

"그녀가 내 엄마야." 피터가 설명하였으며, 제인은 내려와서 피터가 좋아하는 얼굴 표정을 하고서 그의 옆에 섰다.

"그는 엄마를 몹시 원해요." 제인이 말하였다.

"그래, 나도 안다." 웬디가 약간 쓸쓸하게 인정하였다. "그 누구도 그것을 나만큼 잘 알지 못하단다."

"안녕." 피터가 웬디에게 말했다.

경건한:공경하는 마음으로 깊이 삼가하는 태도

"Good-bye," said Peter to Wendy; and he rose in the air, and the shameless Jane rose with him; it was already her easiest way of moving about.

Wendy rushed to the window.

"No, no," she cried.

"It is just for spring-cleaning time," Jane said; "he wants me always to do his spring cleaning."

"If only I could go with you," Wendy sighed.

"You see you can't fly," said Jane.

Of course in the end Wendy let them fly away together. Our last glimpse of her shows her at the window, watching them receding into the sky until they were as small as stars.

As you look at Wendy you may see her hair becoming white, and her figure little again, for all this happened long ago. Jane is now a common grown-up, with a daughter called Margaret; and every spring-cleaning time, except when he forgets, Peter comes for Margaret and takes her to the Neverland, where she tells him stories about himself, to which he listens eagerly. When Margaret grows up she will have a daughter, who is to be Peter's mother in turn; and thus it will go on, so long as children are gay and innocent and heartless.

---

shameless: 부끄러움이 없는, 창피한 줄을 모르는 glimps: 한번 봄, 흘낏 봄 recede: 퇴각하다, 사라지다 eagerly: 열망하여, 간절히 in turn: 교대로, 차례로

그는 공중으로 날아올랐고, 부끄러움을 모르는 제인이 그와 함께 일어났다. 그것은 이미 그녀가 움직이는 가장 편한 방법이었다.

웬디가 창문으로 뛰어왔다.

"안돼, 안돼." 그녀가 소리쳤다.

"봄맞이 대청소 동안만이예요." 제인이 말했다. "그는 항상 내가 그의 봄맞이 대청소를 해 주기를 바라요."

"너와 함께 갈 수 있으면 좋으련만." 웬디가 한숨 쉬었다.

"엄만 날 수 없잖아요." 제인이 말하였다.

물론 결국 웬디는 그들이 함께 날아가도록 허락하였다. 그들이 별처럼 작아질 때까지 하늘 속으로 사라지는 것을 바라보며 창문가에 서 있던 모습이, 우리가 그녀를 마지막으로 본 모습이다.

여러분이 웬디를 보노라면 그녀의 머리가 하얗게 되고 그녀의 몸이 다시 작아진 것을 볼 것이다. 오래 전에 이러한 모든 것이 일어났다. 이제 제인은 마가렛이라고 부르는 딸이 있는 평범한 어른이며 그가 잊어버릴 때를 빼고는 매년 봄맞이 청소를 할 때면 피터가 마가렛에게 와서 그녀를 네버랜드로 데려갔으며 거기에서 그녀는 그에 대한 이야기를 해 주었는데 그는 그 이야기를 열심히 들었다. 마가렛도 자라게 되면 딸을 갖게 될 것이며 그 딸은 다시 피터의 엄마가 될 것이며, 그래서 아이들이 즐겁고 정직하며 유쾌한 한 그것은 계속 되풀이 될 것이다.

▣ 지은이 **제임스 매튜 배리(James Matthew Barrie, 1860-1937)**
제임스 매튜 배리는 스코틀랜드에서 태어났다. 그는 에든버러 대학교 시절에 본격적인 문학 수업을 쌓고 문학 비평가로도 활동했다. 졸업 후에는 노팅엄의 『저널』지에서 기자로 있었으며, 2년 후인 1885년에는 런던으로 건너가 자유기고가로 생활했다. 이후 그는 사회적으로 성공적인 삶을 살았는데, 1913년에는 준(準)남작의 칭호를 받았고, 1922년에 메리트 훈장도 수상했다. 또한 1928년에는 작가협회 회장을 지냈고, 1930년에는 에든버러 대학교의 명예총장 자리에까지 오르기도 했다. 하지만 개인적인 삶은 그다지 평탄하지 못하여 어린 시절에 죽은 형과 그로 인해 우울증에 빠진 어머니 때문에 받은 충격이 일생을 따라 다녔고, 결혼 생활도 순탄치 못했다.
그의 대표작 『피터 팬』의 주인공 피터는 열두 살에 죽은 형의 모습과 그때부터 정신적 성장이 멈춘 자신의 모습이 투영된 캐릭터였다고 한다. 그의 어머니에 대한 상념 역시 『마거릿 오길비』(1896)와 자신의 자전적 소설인 『감상적인 토미』(1896)에서 나타난다.
이미 『피터 팬』을 발표하기 전부터 극작가로서 명성을 날리고 있던 그는 이 작품에 대한 모든 저작권을 한 아동병원에 유증했다.
말년에는 건강이 급격히 악화된 데다가 심한 우울증까지 앓았다. 1937년 세상을 떠나기 전까지 그가 남긴 다른 작품들로는 『위인 크라이턴』, 『12파운드짜리 구경』, 『유언』, 『친애하는 브루터스』 등이 있다.

▣ 옮긴이 **김종윤**
전라북도 남원에서 태어나 한국외국어대학교 법학과를 졸업하였다.
1993년 월간 『시와 비평』으로 등단하여 장편소설 『어머니는 누구일까』, 『아버지는 누구일까』, 『날마다 이혼을 꿈꾸는 여자』, 『어머니의 일생』 등이 있으며, 창작동화 『가족이란 누구일까요?』가 있다.
그리고 『문장작법과 토론의 기술』, 『어린이 문장강화(전13권)』 등이 있다.

어휘력·문해력·문장력 세계명작에 있고
영어공부 세계명작 직독직해에 있다

피터 팬

초판 1쇄 인쇄일 : 2025년 2월 10일
초판 1쇄 발행일 : 2025년 2월 15일

지은이 : 제임스 매튜 배리
옮긴이 : 김종윤
발행인 : 김종윤
발행처 : 주식회사 자유지성사
등록번호 : 제 2 - 1173호
등록일자 : 1991년 5월 18일

서울특별시 송파구 위례성대로 8길 58, 202호
전화 : 02) 333 - 9535 I 팩스 : 02) 6280 - 9535
E-mail : fibook@naver.com
ISBN : 978 - 89 - 7997- 395 - 2 (03840)